Alfred Sunday Omole

# Necessidades de Melhoria das Competências Técnicas dos Professores de Carpintaria/Joalharia

**Alfred Sunday Omole**

# Necessidades de Melhoria das Competências Técnicas dos Professores de Carpintaria/Joalharia

**ScienciaScripts**

**Imprint**

Any brand names and product names mentioned in this book are subject to trademark, brand or patent protection and are trademarks or registered trademarks of their respective holders. The use of brand names, product names, common names, trade names, product descriptions etc. even without a particular marking in this work is in no way to be construed to mean that such names may be regarded as unrestricted in respect of trademark and brand protection legislation and could thus be used by anyone.

Cover image: www.ingimage.com

This book is a translation from the original published under ISBN 978-3-659-91924-4.

Publisher:
Sciencia Scripts
is a trademark of
Dodo Books Indian Ocean Ltd. and OmniScriptum S.R.L publishing group

120 High Road, East Finchley, London, N2 9ED, United Kingdom
Str. Armeneasca 28/1, office 1, Chisinau MD-2012, Republic of Moldova, Europe
Managing Directors: Ieva Konstantinova, Victoria Ursu
info@omniscriptum.com

Printed at: see last page
**ISBN: 978-620-2-76776-7**

# ÍNDICE DE CONTEÚDOS

# DEDICAÇÃO

Este trabalho de investigação é dedicado à minha querida, carinhosa e preocupada esposa e aos meus adoráveis filhos.

# AGRADECIMENTOS

De uma forma muito especial, o investigador agradece a Deus todo-poderoso por o ter fortalecido durante o período desta investigação. J.O. Enemali e ao Dr. D.P. Banu pelos seus contributos e orientação ao longo deste trabalho de investigação. A sua vontade e desejo de restaurar a dignidade desta investigação são muito apreciados.

O investigador está profundamente grato à sua família pelo seu constante encorajamento, sacrifícios, compreensão, paciência e resistência. A todos os outros que possam ter contribuído de uma forma ou de outra e cujos nomes não são mencionados, ele agradece. Os seus irmãos, irmãs e simpatizantes, as suas contribuições foram maravilhosas, engenhosas e encorajadoras e ele agradece-lhes a todos.

Omole, Alfred Sunday

PG/2004/2005/603028

# Resumo

O estudo foi efectuado com o objetivo de investigar as necessidades de melhoria das competências técnicas dos professores de carpintaria e marcenaria nas escolas técnicas dos Estados do Norte da Nigéria. Foi utilizado um modelo de investigação por inquérito. A população do estudo era constituída por 221 professores de carpintaria e marcenaria em escolas técnicas no Estado do Norte da Nigéria. O instrumento utilizado para a recolha de dados foi um questionário estruturado. Foram formuladas sete questões de investigação e cinco hipóteses nulas. A média e o Índice de Necessidade de Melhoria foram utilizados para analisar os dados e responder às questões de investigação, enquanto o teste t foi utilizado para testar as hipóteses de não haver diferença significativa a um nível de significância de 0,05. Concluiu-se que os professores de carpintaria e de marcenaria necessitam de melhorar dezoito competências técnicas em marcenaria, dezanove competências técnicas em cofragem, vinte competências técnicas em caixilharia, vinte competências técnicas em processamento de madeira, dezoito competências técnicas em maquinação de madeira e vinte competências técnicas em AUTOCAD. Não houve diferença significativa nas classificações médias dos professores de carpintaria e marcenaria experientes e menos experientes sobre as necessidades de melhoria das competências técnicas em marcenaria, cofragem e caixilharia. Também não houve diferença significativa entre as médias das avaliações dos professores de carpintaria e marcenaria das escolas técnicas federais e estaduais sobre as necessidades de aprimoramento das competências técnicas dos professores em processamento da madeira e AUTOCAD. Não houve diferença significativa entre as médias das avaliações dos professores de carpintaria e marcenaria dos sexos masculino e feminino sobre as necessidades de aprimoramento das competências técnicas dos professores em usinagem da madeira. Com base nestes resultados, recomendou-se que o governo organizasse seminários e workshops para carpinteiros e marceneiros, a fim de melhorar as suas competências nas áreas de carpintaria, cofragem, caixilharia, transformação da madeira, maquinagem da madeira e AUTOCAD, onde precisam de ser melhoradas. Foi também recomendado que os professores de carpintaria e de marcenaria recebessem bolsas de estudo do governo para prosseguirem os seus estudos.

# CAPÍTULO 1

## INTRODUÇÃO

**Antecedentes do estudo**

O ensino técnico e profissional é a aquisição de competências e técnicas numa ocupação ou profissão escolhida para permitir que um indivíduo ganhe a vida. A República Federal da Nigéria (2004) considerou o ensino técnico e profissional como um programa de formação ou de reciclagem, ministrado em escolas ou aulas sob supervisão e controlo públicos. O ensino técnico-profissional desempenha um papel importante no fornecimento de mão de obra de nível médio necessária para trabalhar em várias indústrias para o desenvolvimento e o crescimento económico de cada nação. Trata-se de um sistema de educação que se baseia no ensino de competências e que exige também a utilização profissional ou especializada das mãos. Bayode (1994) afirmou que o ensino técnico e profissional está orientado para a produção de um homem instruído que possa efetivamente trabalhar com a cabeça, o coração e as mãos. Sarfo (2011) afirma que é necessário que o ensino técnico proporcione aos estudantes conhecimentos especializados que lhes permitam fazer face à evolução das exigências industriais na atual economia do conhecimento e da tecnologia. O ensino de competências no ensino técnico e profissional no sector formal existia em dois tipos de instituições na Nigéria. São elas os centros de comércio e as escolas técnicas.

As escolas técnicas são instituições formais criadas para dotar os indivíduos de competências, conhecimentos e atitudes em várias profissões. O objetivo das escolas técnicas, de acordo com o relatório do National Board for Technical Education (NBTE) (2007), é dar formação e transmitir as competências necessárias em várias profissões, conduzindo à produção de artesãos, técnicos e outro pessoal qualificado que seja empreendedor e autónomo. Okoro (2006) afirmou que as escolas técnicas são consideradas como as principais instituições profissionais na Nigéria que dão formação profissional completa destinada a preparar os estudantes para entrarem em várias profissões como operadores ou artesãos e artífices. Bakare, Ochepo e Miller (2011) explicaram que as escolas técnicas são instituições pós-primárias onde indivíduos adquirem competências em vários ofícios ou ocupações, tais como carpintaria, serralharia, instalação e manutenção eléctrica, eletricidade/eletrónica, automóvel, construção civil, pintura e decoração, trabalho em rádio e televisão, fabrico e soldadura, carpintaria e joalharia.

A carpintaria e a marcenaria (CJ) é uma das profissões das escolas técnicas na Nigéria, onde os estudantes adquirem as competências e os conhecimentos básicos necessários para o emprego após a licenciatura. A CJ foi introduzida no currículo das escolas técnicas com o objetivo de produzir mão de obra competente com conhecimentos profissionais e competências práticas para uma carreira de sucesso na carpintaria e marcenaria (Governo Federal da Nigéria, 2012). Os objectivos da carpintaria e marcenaria nas escolas técnicas são os seguintes (i) compreender as técnicas gerais e específicas da carpintaria e da marcenaria (ii) construir e erguer diferentes tipos de modelos de telhados (iii) desenhar e interpretar desenhos de construção (iv) aplicar ferramentas manuais e máquinas portáteis para processar madeira e produtos de madeira (v) conceber e construir estruturas de pavimentos, paredes e escadas, incluindo escadas e andaimes, (vi) construir e instalar portas, janelas, divisórias e armários (vii) trabalhar como carpinteiro qualificado, quer por conta própria quer por conta de outrem. O curso de carpintaria e de marcenaria está organizado em módulos. Um módulo, segundo Olaitan (2003), é uma unidade curricular baseada no desenvolvimento de competências de nível de entrada dos alunos. Estes módulos, de acordo com o National Board for Technical Education (NBTE) (2007), incluem desenho de construção, carpintaria, trabalho de forma, processamento de madeira, maquinação de madeira, construção de edifícios, competências de comunicação, empreendedorismo, computador, AUTOCAD e matemática. Os módulos têm a mesma duração e requerem aproximadamente horas específicas de tempo de instrução para serem realizados por um grupo médio de alunos. Carpintaria e marcenaria é um programa de três anos que conduz à atribuição do Certificado Federal de Formação Artesanal e do Certificado Técnico Nacional.

A marcenaria é uma parte do trabalho em madeira que consiste em juntar peças de madeira para produzir objectos mais complexos. A marcenaria, de acordo com o Relatório da NBTE (2007), foi concebida para permitir que os alunos adquiram um conhecimento adequado das propriedades da madeira e dos materiais associados. Na marcenaria, espera-se que os alunos aprendam as propriedades das madeiras, as várias espécies de madeira adequadas a um determinado projeto, os defeitos da madeira e as suas causas, os diferentes tamanhos da madeira e os métodos de conversão da madeira, os métodos de tempero e armazenamento da madeira, os diferentes tipos de placas fabricadas e plásticos laminados e as propriedades e aplicação de vários tipos de tintas e vernizes a óleo. Os alunos aprendem a utilizar ferramentas e equipamentos manuais para fazer e construir projectos de caixas de carroçaria emolduradas, armários ou rodapés simples e outras peças de mobiliário úteis. A marcenaria também expõe os alunos a conhecimentos e competências na aplicação de acabamentos em projectos de madeira e na construção de juntas de caixas ou estantes.

A cofragem é uma estrutura geralmente temporária, mas que pode ser total ou parcialmente permanente. Este módulo, de acordo com a NBTE (2007), foi concebido para dotar o formando ou os estudantes de conhecimentos e competências na construção e montagem de várias cofragens temporárias. Na construção de cofragens, espera-se que os alunos aprendam a diferença entre o trabalho pré-fabricado (caixas de moldes) e o trabalho in-situ (cofragem), apliquem os requisitos básicos para a construção, montagem e desmontagem de cofragens, compreendam e apliquem as várias fases e disposições para a construção de cofragens adequadas a várias formas e finalidades e construam formas comuns de andaimes para cumprir os requisitos legais relevantes. Também se aprende a esboçar ou desenhar pormenores de construção de cofragens para vigas, pavimentos, tectos e lintéis. Espera-se também que os professores ensinem os alunos a construir vários tipos de cofragem sem erros, a construir corretamente vigas, soalhos e telhados e a construir andaimes de madeira e de metal até 6 metros de altura.

O enquadramento, na construção conhecido como construção de estrutura ligeira, é uma técnica de construção baseada em elementos estruturais verticais, normalmente designados por vigas, que proporcionam uma estrutura estável à qual são fixados os revestimentos de parede interiores e exteriores, e cobertos por um telhado feito de vigas de teto horizontais e vigas inclinadas (ou treliças de telhado pré-fabricadas) (John, 2011). O enquadramento expõe os alunos a várias competências e conhecimentos para esboçar diagramas de linhas dos quatro tipos de pavimentos, preparar corretamente as vigas do pavimento, colocar as vigas do pavimento/plataforma de acordo com as especificações, fixar as escoras às vigas do pavimento ou da plataforma, aparar as aberturas do pavimento para receber escadas, alçapões, portas e fixar corretamente o pavimento às vigas ou à sub-base.

A utilização de várias ferramentas e equipamentos para realizar uma determinada tarefa também é aprendida no enquadramento.

O processamento da madeira permite que os formandos adquiram conhecimentos e competências adequados na classificação das juntas de madeira e no processamento da madeira. Pretende-se que os alunos conheçam os procedimentos envolvidos na preparação da madeira, compreendam os requisitos das juntas de madeira e as suas classificações, construam os vários tipos de juntas de madeira, conheçam os vários dispositivos de fixação utilizados em carpintaria e marcenaria e construam portas e caixilhos. O processamento da madeira também expõe os alunos a competências na preparação de juntas de alargamento ou de borda, demonstrando o procedimento para a realização da construção das juntas, fixando vários tipos de portas, cortando formas irregulares, dados, encaixes e espigas utilizando ferramentas manuais eléctricas portáteis e realizando operações de perfuração e de encaixe utilizando berbequins portáteis.

A maquinagem da madeira é um dos módulos da carpintaria e da joalharia que permite aos estudantes adquirir conhecimentos e competências adequados na utilização e aplicação de ferramentas manuais eléctricas portáteis. Boyi (2010) afirma que a maquinagem da madeira expõe os alunos às regras gerais de segurança de todas as ferramentas manuais eléctricas portáteis, à utilização e à manutenção das ferramentas manuais eléctricas portáteis. Na maquinagem da madeira, os estudantes efectuam operações de corte longitudinal e transversal, cortam formas irregulares e maquinam dados, encaixes e espigas, utilizando equipamento de corte, efectuam operações de perfuração e maquinam entalhes utilizando equipamento de perfuração e efectuam operações de lixagem e de modelação final utilizando equipamento de acabamento.

O AUTOCAD, de acordo com a NBTE (2007), foi concebido para permitir que os estudantes adquiram competências e conhecimentos básicos de pacotes de desenho assistido por computador. Espera-se que os professores ensinem várias competências e conhecimentos aos alunos sob a sua orientação. Espera-se que os alunos demonstrem competência na instalação do pacote AUTOCAD num sistema, utilizem pacotes de software de desenho assistido por computador para produzir desenhos básicos de edifícios ou elementos de edifícios existentes, identifiquem escalas de uso comum no desenho assistido por computador, utilizem o AUTOCAD para desenhar vários trabalhos de carpintaria e marcenaria e interpretem diferentes desenhos de edifícios gerados por computador.

Espera-se que os estudantes adquiram competências e conhecimentos relevantes nos módulos de carpintaria e marcenaria acima mencionados antes da graduação, sob a orientação de professores. Um professor é uma pessoa que tem formação profissional para transmitir conhecimentos e competências aos alunos ou aprendentes. De acordo com Unachukwu (1996), um professor é uma pessoa que tenta ajudar alguém a adquirir ou a mudar alguns conhecimentos, competências, atitudes, ideias ou apreciações. Ede e Olaitan (2009) também afirmaram que o professor é uma pessoa que transmite conhecimentos, competências e atitudes a alguém numa escola. Okoro (2005) descreveu um professor técnico como um indivíduo que adquiriu competências e conhecimentos adequados numa área profissional e que tem formação completa para transmitir competências e conhecimentos a outros. Bakare, Ochepo e Miller (2011) afirmaram que os professores técnicos lançam as bases para o desenvolvimento futuro das competências dos estudantes em profissões técnicas. Um professor de carpintaria e marcenaria é uma pessoa que recebeu formação técnica e pedagógica para transmitir os conhecimentos, as competências e as atitudes adquiridas aos estudantes das escolas técnicas. Os professores determinam a qualidade das competências e dos conhecimentos adquiridos pelos alunos. Uwaifo (2005) explicou que a educação abre a porta da modernização, mas é o professor que tem a chave da porta.

Os professores são o centro ou o pivot sobre o qual gira qualquer programa educativo bem sucedido e, se os professores desempenharem corretamente a sua tarefa, haverá certamente uma miríade de novas tecnologias no futuro do ensino profissional (Uwaifo, 2009). A maior parte dos professores actuais na Nigéria apresenta conhecimentos antiquados em ciência e tecnologia. Há categorias de professores de carpintaria e de marcenaria nas escolas técnicas. Alguns possuem um B.Sc. em tecnologia de carpintaria/construção, um diploma nacional superior em tecnologia de construção, enquanto outros possuem um certificado nigeriano de educação (NCE) em tecnologia de carpintaria. Estes professores são também agrupados em professores de carpintaria e marcenaria experientes e menos experientes. Os professores experientes de carpintaria e marcenaria são aqueles que têm até cinco anos de experiência no ensino dos conteúdos de carpintaria e marcenaria aos alunos. Mas os professores de carpintaria e marcenaria menos experientes são indivíduos que têm menos de cinco anos de experiência no ensino de carpintaria e marcenaria a estudantes em escolas técnicas na área de estudo. Todos eles são encontrados no ensino da carpintaria e da marcenaria a estudantes de escolas técnicas. Estes professores devem ser competentes no ensino da carpintaria e da marcenaria aos alunos das escolas técnicas.

A competência incorpora a capacidade de transferir aptidões e conhecimentos para situações numa área profissional. Rankin (2004) referiu-se à competência como os comportamentos que o trabalhador deve ter, ou deve adquirir, para contribuir para uma situação, de modo a atingir níveis elevados de desempenho. A Organização Internacional do Trabalho (OIT) (2004) também descreveu a competência como o conhecimento, as capacidades, as aptidões e o comportamento que alguém exibe no desempenho do seu trabalho. De acordo com Miller, Bakare e Ikatule (2010), a competência envolve conhecimentos, aptidões e atitudes numa profissão. Para que um indivíduo possa ensinar eficazmente um curso técnico como carpintaria e joalharia, precisa de ser tecnicamente competente. Uma competência técnica é geralmente um conhecimento específico ou uma área de aptidão que se relaciona com o desempenho bem sucedido no trabalho. Armstrong (1995) explicou que as competências técnicas são padrões de desempenho profissional referenciados por critérios e são desenvolvidas através da análise funcional do que se espera que as pessoas em determinadas funções façam e dos padrões que devem atingir. Por conseguinte, a competência técnica é a capacidade dos professores para ensinarem eficazmente os conteúdos de carpintaria e joalharia aos estudantes das escolas técnicas. A qualidade dos diplomados em carpintaria e marcenaria depende em grande medida dos professores.

A carpintaria e a marcenaria é uma das profissões oferecidas nas escolas técnicas onde os indivíduos aprendem competências para obter um emprego remunerado ou independente. As competências e os conhecimentos em carpintaria, cofragem, armação, processamento de madeira, maquinagem de madeira e AUTOCAD, quando ensinados corretamente, devem equipar os estudantes para o emprego após a graduação. A observação revela que os licenciados são fracos na prática da carpintaria e da marcenaria após a licenciatura. Oranu (2003) afirmou que a maioria dos licenciados vagueia pelas ruas porque adquirem poucas ou nenhumas competências práticas. Por conseguinte, têm dificuldade em criar as suas próprias oficinas. Robinson (2006) argumentou que faltam competências de empregabilidade porque os diplomados do ensino técnico não estão bem preparados antes de entrarem no mercado de trabalho. Ogbuanya, Bakare e Igweh (2009) explicaram que os diplomados do ensino técnico que conseguiram criar as suas próprias oficinas após a licenciatura causam frequentemente mais estragos nos trabalhos que lhes são confiados para reparação.

Atualmente, os professores de carpintaria e de marcenaria têm múltiplas responsabilidades que exigem continuamente mais conhecimentos e competências. São necessárias mais competências para operar tecnologias emergentes destinadas à prática em oficina. Obike (2009) explicou que o ensino de ofícios técnicos como a carpintaria e a marcenaria exige um desenvolvimento contínuo de conhecimentos e capacidades. Isto deve-se ao facto de a educação estar a mudar rapidamente, o que exige um esforço constante por parte dos professores para manter o ritmo. Para que os professores possam ensinar eficazmente as aptidões, os conhecimentos e as atitudes (competência técnica) em carpintaria e marcenaria utilizando ferramentas e equipamento, é necessário melhorar.

A melhoria é o processo de tornar algo melhor. De acordo com Olaitan, Amusa e Azouzu (2010), a melhoria é a capacidade ou condição para se tornar melhor do que antes. Sinclair, Fox e Bullon, em Amusa (2009), afirmam que se algo ou uma situação melhora, essa coisa ou situação torna-se melhor. Neste estudo, a melhoria é o processo de ajudar os professores da área de estudo a adquirir um nível de proficiência mais elevado, competência técnica em carpintaria e marcenaria para uma maior eficiência. Para saber onde os professores de carpintaria e marcenaria precisam de melhorar, é necessário avaliar as suas competências técnicas . Isto revelará o nível de competências técnicas que possuem e as áreas em que é necessário melhorar, com base nas suas lacunas de desempenho. Por conseguinte, é necessário investigar as necessidades de melhoria das competências técnicas dos professores de carpintaria e de marcenaria para melhorar o desempenho.

**Declaração do problema**

A carpintaria e a marcenaria é uma das profissões oferecidas nas escolas técnicas, onde os indivíduos aprendem competências para obterem um emprego remunerado ou independente. As competências em carpintaria, cofragem, armação, processamento de madeira, maquinação de madeira e AUTOCAD, quando ensinadas corretamente, devem equipar os estudantes para o emprego após a graduação. No entanto, os licenciados são fracos na prática da carpintaria e da marcenaria. Oranu (2003) afirma que a maioria dos licenciados vagueia pelas ruas porque adquirem poucas ou nenhumas competências práticas. Por conseguinte, têm dificuldade em criar as suas próprias oficinas. Robinson (2006) argumentou que faltam competências de empregabilidade porque os diplomados do ensino técnico não estão bem preparados antes de entrarem no mercado de trabalho. De facto, os diplomados que conseguem criar as suas próprias oficinas causam mais estragos nos aparelhos eléctricos e electrónicos defeituosos que lhes são contratados para reparação e manutenção (Ogbuanya, Bakare e Igweh, 2009). Tudo isto pode dever-se ao facto de os professores não transmitirem aos alunos as competências técnicas relevantes ou à falta de competências práticas. Para o conseguir, é necessário muito trabalho por parte dos professores.

As baixas competências dos professores técnicos têm sido associadas ao fraco desempenho dos diplomados técnicos no terreno (Fanega, 2012). Cross (2004) explicou que há uma necessidade urgente de professores competentes para ensinar tanto as competências como os conhecimentos em todas as profissões do currículo das escolas técnicas aos estudantes que serão os futuros técnicos. As consequências inevitáveis do status quo acima referido serão o desemprego e o aumento de vícios sociais como o roubo, o furto e o assassínio, entre muitos outros. Assim, o problema deste estudo é que os licenciados em carpintaria e joalharia das escolas técnicas não têm competências para enfrentar os desafios da profissão no mundo do trabalho. De que conhecimentos e competências necessitam os professores de carpintaria/joalharia para melhorar o seu desempenho? Por conseguinte, o problema deste estudo é que os professores de carpintaria e de marcenaria são deficientes no ensino das competências técnicas necessárias em carpintaria e marcenaria aos estudantes das escolas técnicas, o que resulta na produção de produtos de baixa qualidade.

**Objetivo do estudo**

O objetivo geral deste estudo foi investigar as necessidades de melhoria das competências técnicas dos professores de carpintaria e marcenaria nas escolas técnicas dos Estados do Norte da Nigéria. Especificamente, o estudo procurou determinar:

1. Os perfis demográficos dos professores de carpintaria e de marcenaria nas escolas técnicas dos Estados do Norte da Nigéria

2. Necessidade de melhoria das competências técnicas dos professores de carpintaria e marcenaria em marcenaria

3. Necessidade de melhorar as competências técnicas dos professores de carpintaria e de joalharia no domínio da cofragem

4. Necessidade de melhoria das competências técnicas dos professores de carpintaria e de marcenaria no domínio do enquadramento

5. Necessidade de melhoria das competências técnicas dos professores de carpintaria e marcenaria no sector da transformação da madeira

6. Necessidade de melhoria das competências técnicas dos professores de carpintaria e marcenaria no domínio da maquinagem da madeira

7. Necessidade de melhoria das competências técnicas dos professores de carpintaria e marcenaria em AUTO CAD

**Questões de investigação**

As seguintes questões de investigação orientaram o estudo:

1. Quais são os perfis demográficos dos professores de carpintaria e marcenaria nas escolas técnicas dos estados do norte da Nigéria?

2. Quais são as necessidades de melhoria das competências técnicas dos professores de carpintaria e de marcenaria no domínio da marcenaria?

3. Quais são as necessidades de melhoria das competências técnicas dos professores de carpintaria e de marcenaria no domínio da cofragem?

4. Quais são as necessidades de melhoria das competências técnicas dos professores de carpintaria e de marcenaria no domínio do enquadramento?

5. Quais são as necessidades de melhoria das competências técnicas dos professores de carpintaria e marcenaria no sector da transformação da madeira?

6. Quais são as necessidades de melhoria das competências técnicas dos professores de carpintaria e marcenaria no domínio da maquinagem da madeira?

7. Quais são as necessidades de melhoria das competências técnicas dos professores de carpintaria e de marcenaria em AUTO CAD?

**Hipóteses de investigação**

As seguintes hipóteses nulas formuladas foram testadas ao nível de significância de 0,05:

**HO₁:** Não existe diferença significativa classificações médias dos professores experientes e menos experientes de carpintaria e marcenaria relativamente às necessidades de melhoria das competências técnicas dos professores de carpintaria

**H0₂:** Não existe uma diferença significativa entre classificações médias dos professores de carpintaria e de marcenaria experientes e menos experientes sobre as necessidades de melhoria das competências técnicas dos professores de cofragem

**H0₃:** Não há diferença significativa entre as classificações médias dos professores de carpintaria e marcenaria experientes e menos experientes sobre as necessidades de melhoria das competências técnicas dos professores em matéria de enquadramento

**H0₄:** Não há diferença significativa entre as médias das avaliações dos professores de carpintaria e marcenaria das escolas técnicas federais e estaduais sobre as necessidades de aprimoramento das competências técnicas dos professores em processamento da madeira

**H0₅:** Não existe uma diferença significativa entre as classificações médias dos professores de carpintaria e de marcenaria sobre as necessidades de melhoria das competências técnicas dos professores em maquinação de madeira.

**H0₆:** Não há diferença significativa entre as médias das avaliações dos professores de carpintaria e marcenaria das escolas técnicas federais e estaduais sobre as competências técnicas Necessidades de aperfeiçoamento dos professores em AUTOCAD.

**Importância do estudo**

Os resultados do estudo serão de grande utilidade para os professores de carpintaria e marcenaria, os estudantes, o governo, a sociedade, os pais e os planeadores de currículos. Os professores de carpintaria e de marcenaria beneficiarão com este estudo. Os resultados podem ser agrupados e utilizados para melhorar a competência técnica dos professores em carpintaria, trabalho de forma, enquadramento, processamento de madeira, maquinagem de madeira e AUTOCAD. Isto tornará o ensino e a aprendizagem da carpintaria e da marcenaria nas escolas técnicas mais eficazes e produtivos.

Os estudantes de carpintaria e marcenaria também beneficiarão dos resultados do estudo, uma vez que adquirirão competências, conhecimentos e atitudes relevantes que os tornarão funcionais e autónomos após a licenciatura, uma vez que as competências identificadas serão utilizadas para melhorar as competências dos seus professores para um ensino eficaz. Deste modo, os estudantes adquirem as competências e os conhecimentos necessários para trabalharem depois da licenciatura.

O governo também beneficiará com os resultados deste estudo. Os resultados revelarão ao governo até que ponto os professores de carpintaria e de marcenaria dominam as suas áreas de especialização e onde as podem melhorar. As competências técnicas identificadas no estudo podem ser utilizadas pelo governo para organizar programas de reciclagem para professores de carpintaria e marcenaria, de modo a que o ensino e a aprendizagem sejam eficazes. Isto poupar-lhes-á tempo e energia, uma vez que as aptidões ou competências já identificadas serão utilizadas para a reciclagem. As necessidades identificadas em termos de competências técnicas dos professores de carpintaria e marcenaria também fornecerão sugestões úteis ao Ministério da Educação, ao Conselho de Administração das Escolas Pós-Primárias e à Ciência e Educação Técnica no planeamento de workshops, seminários e conferências para os professores, contribuindo assim para o avanço tecnológico. A sociedade também beneficiará com os resultados deste estudo. Um grupo de estudantes qualificados será formado para trabalhar ou estabelecer uma empresa de carpintaria e marcenaria na sociedade. Serão contratados e empregarão outros. Por conseguinte, os vícios sociais entre os jovens da área de estudo serão reduzidos.

Os resultados do estudo também beneficiarão os pais dos estudantes de carpintaria e marcenaria. Os seus pupilos/filhos, que passaram por uma formação rigorosa com professores competentes, formar-se-ão com competências relevantes para o emprego. Se estes licenciados forem empregados por indústrias de carpintaria e de marcenaria, passarão a cuidar dos seus pais com o seu salário. Os investigadores no domínio da educação também beneficiarão com o estudo, uma vez que este servirá de fonte de informação ou de literatura para outras investigações.

**Delimitação do estudo**

O estudo foi delimitado às necessidades de competências técnicas dos professores de carpintaria e de marcenaria nas escolas técnicas dos Estados do Norte da Nigéria. O estudo abrangeu especificamente as necessidades de competências técnicas dos professores de carpintaria e marcenaria em carpintaria, cofragem, armação, processamento de madeira, maquinagem de madeira e AUTO CAD. Não foram determinadas as necessidades de competências técnicas dos professores noutros módulos de carpintaria e marcenaria, tais como desenho de construção, construção de edifícios, capacidades de comunicação, empreendedorismo, informática e matemática.

**Pressupostos**

1. A utilização de uma escala de Likert de cinco pontos foi um meio adequado para avaliar as percepções dos professores de carpintaria/joalharia.

2. Os professores de carpintaria/joalharia possuem os conhecimentos necessários para preencher o questionário e indicar as competências técnicas necessárias aos professores.

3. O currículo de formação de professores deve ser avaliado e revisto periodicamente, para que continue a ser relevante e significativo.

4. O currículo de formação de professores de carpintaria e marcenaria deve refletir as percepções dos professores relativamente às competências técnicas necessárias para que

os professores tenham sucesso na oficina/sala de aula.

**Definição de termos**

A competência técnica é uma tarefa especializada que permite aos trabalhadores utilizar os seus conhecimentos sobre as ferramentas, técnicas e procedimentos específicos da sua área de atividade. Estas competências são geralmente passíveis de formação e podem ser ensinadas a outros. Uma necessidade é a diferença entre o nível atual de conhecimentos e competências e o que deveria ser (Borich, 1980). Borich definiu operacionalmente as necessidades educativas subtraindo a pontuação do conhecimento percebido da pontuação da importância percebida e multiplicando o resultado pela pontuação média da importância percebida: Equação: Cal En=(In-Co)(Ig) Equação da Necessidade Educativa Cal En=necessidade educativa calculada, Co=competência percebida do item relatado pelo inquirido, In=importância do item relatado pelo inquirido, Ig=importância média do item conforme classificado por todos os inquiridos.

# CAPÍTULO 2

## REVISÃO DA LITERATURA RELACIONADA

Este capítulo analisa a literatura relacionada e está organizado nos seguintes subtítulos:

**1. Quadro concetual**

- Carpintaria e marcenaria nas escolas técnicas

- Conceito de competência técnica

- Competências técnicas necessárias aos professores de carpintaria e de marcenaria na marcenaria

- Competências Técnicas Necessárias aos Professores de Carpintaria e Marcenaria em Cofragem

- Competências Técnicas Necessárias aos Professores de Carpintaria e Marcenaria em Armação

- Necessidade de competências técnicas dos professores de carpintaria e de marcenaria na transformação da madeira

- Necessidades de Competências Técnicas dos Professores de Carpintaria e Marcenaria na Maquinação de Madeira

- Competências Técnicas Necessárias aos Professores de Carpintaria e Marcenaria em AUTO CAD

**2. Quadro teórico**

- Teoria da avaliação das necessidades

- Teoria do ensino profissional

**3. Revisão de estudos empíricos relacionados**

**4. Resumo da revisão da literatura relacionada**

**Carpintaria e marcenaria nas escolas técnicas**

A carpintaria e a marcenaria (CJ) é uma das profissões nas escolas técnicas na Nigéria, onde os estudantes adquirem competências e conhecimentos básicos necessários para o emprego após a licenciatura. O objetivo da carpintaria e da marcenaria nas escolas técnicas é (i) compreender as técnicas gerais e específicas da carpintaria e da marcenaria (ii) construir e erguer diferentes tipos de modelos de telhados (iii) desenhar e interpretar desenhos de construção (iv) aplicar ferramentas manuais e máquinas portáteis para processar madeira e produtos de madeira (v) conceber e construir estruturas de pavimentos, paredes e escadas, incluindo escadas e andaimes, (vi) construir e instalar portas, janelas, divisórias e armários (vii) trabalhar como carpinteiro qualificado, quer por conta própria quer por conta de outrem. Os cursos de carpintaria e de marcenaria são organizados em módulos para simplificar a aprendizagem. A escola técnica é uma instituição profissional onde os estudantes aprendem competências em várias profissões. As escolas técnicas são criadas pelo governo para dotar os indivíduos de competências, conhecimentos e atitudes em diferentes profissões, sendo a pintura e a decoração uma delas. As escolas técnicas na Nigéria, tendo em conta a essência da sua criação, têm a responsabilidade de formar artesãos competentes para a economia industrial e o desenvolvimento tecnológico da nação.

As escolas técnicas admitem e formam tanto homens como mulheres na área da tecnologia eletrónica e noutras áreas profissionais (Bakare, 2009). A Política Nacional de Educação (2004) afirmava que a duração dos cursos de carpintaria e de joalharia e de outros cursos nas escolas técnicas, à semelhança de outras escolas secundárias, era de três anos para o nível artesanal e de quatro anos para o nível artesanal avançado. Este documento sublinhava ainda que a NABTEB atribui um Certificado Técnico Nacional e um Certificado Técnico Nacional Avançado aos diplomados em carpintaria e marcenaria. Está igualmente estruturado para preparar os formandos com as competências necessárias para aceder a uma série de profissões no sector da construção civil.

A carpintaria e a marcenaria na escola técnica são classificadas como um curso de ensino profissional. Okoro (1999) definiu o ensino profissional como qualquer forma de ensino cujo objetivo principal é preparar a pessoa para o emprego em profissões reconhecidas. Osuala (1995) também definiu o ensino profissional como uma formação ou reciclagem profissional ou técnica ministrada numa escola ou em turmas sob supervisão e controlo públicos ou ao abrigo de um contrato com um organismo estatal ou local de ensino. Defende que esta formação é realizada no âmbito de um programa destinado a preparar os indivíduos para um emprego remunerado como trabalhadores semi-qualificados, técnicos ou sub-profissionais em profissões avançadas e em profissões novas e emergentes ou a preparar os indivíduos para um emprego num programa de ensino avançado.

A República Federal da Nigéria (1998) separou o ensino profissional do ensino técnico. De acordo com a RFN (1998), o ensino profissional é a forma de ensino que pode ser obtida nas escolas técnicas, equivalente ao ensino secundário superior, mas concebida para preparar os indivíduos para adquirirem competências práticas, conhecimentos básicos e científicos e atitudes necessárias como artesãos e técnicos de nível sub-profissional. Okoro (1999) afirma que os termos ensino profissional e ensino técnico são utilizados indistintamente para designar o mesmo tipo de ensino. Os dois termos não são de modo algum sinónimos. O ensino técnico é um programa de formação profissional pós-secundário cujo principal objetivo é a produção de técnicos. Olaitan (2009) observou que o ensino profissional e técnico é um tipo de educação ministrada a um indivíduo com o objetivo de lhe permitir desenvolver as potencialidades criativas e manipuladoras que lhe são inerentes para uso do homem. Na República Federal da Nigéria, na Política Nacional de Educação (2004), na UNESCO e na OIT (2002), a educação é combinada com o ensino técnico. Assim, o ensino técnico e profissional é utilizado como um termo abrangente que se refere aos aspectos do processo educativo que envolvem, para além do ensino geral, o estudo das tecnologias e das ciências afins e a aquisição da vida económica e social.

De acordo com a Política Nacional de Educação (FRN, 1998), o ensino profissional é a forma de ensino que se pode obter nas escolas técnicas. É equivalente ao ensino secundário superior, mas destina-se a preparar o indivíduo para adquirir competências práticas, conhecimentos básicos e científicos e atitudes necessárias como artesãos e técnicos a nível sub-profissional. Os objectivos do programa de ensino profissional, tal como são apontados pela Política Nacional de Educação. (FRN 2004) são os seguintes

1. Fornecer mão de obra formada no domínio das ciências aplicadas, das tecnologias e das empresas, nomeadamente a nível artesanal, artesanal avançado e técnico

2. Fornecer os conhecimentos técnicos e as competências profissionais para o desenvolvimento agrícola, comercial e económico.

3. Fornecer formação e transmitir as competências necessárias aos indivíduos que se tornarão economicamente auto-suficientes.

De acordo com o National Business and Technical Examination Board (NABTEB) (2009), a carpintaria e a marcenaria têm por objetivo formar técnicos qualificados. O currículo de carpintaria e marcenaria do National Board for Technical Education (NBTE) é composto por 60% de teoria e 40% de prática. Os conhecimentos, as competências e as atitudes nestes domínios são ministrados por professores técnicos. O FGN (2004) salientou que os formandos, após a conclusão do programa, têm as seguintes opções:

1. Emprego seguro nos sectores de atividade

2. Criar a sua própria empresa e tornar-se trabalhador por conta própria e poder empregar outras pessoas

3. Prosseguir os estudos num programa de Artesanato/Técnico Avançado e numa

instituição técnica pós-secundária (Terciária), como politécnicos, escolas superiores de educação (técnicas) e universidades.

O programa é oferecido em dois níveis - Certificado Técnico Nacional (NTC) e Certificado Técnico Nacional Avançado (ANTC). O currículo é um dos primeiros currículos indígenas desenvolvidos para o ensino superior técnico na Nigéria e foi aprovado pelo Conselho Nacional de Educação em 1985. Trata-se de um currículo abrangente, de forma modular, dividido em três componentes principais. Estas componentes são:

1. Ensino geral

2. Teoria e prática do comércio e estudos conexos

3. Formação industrial supervisionada/experiência profissional.

Estas componentes representam, respetivamente, 30%, 65% e 5% do total de horas do programa. A componente teórica e prática do comércio é composta por dezoito módulos.

**Conceito de competência técnica**

A competência é um requisito normalizado de um indivíduo para desempenhar corretamente uma função específica. É uma combinação de conhecimentos, aptidões e comportamentos utilizados para melhorar o desempenho. Rankin (2005) definiu a competência como o comportamento que os trabalhadores devem ter ou devem adquirir para introduzir uma situação, a fim de alcançar um elevado nível de desempenho. Sullivan (1995) considerou a competência como caraterísticas pessoais subjacentes, profundas e duradouras de um indivíduo que prevêem o comportamento numa grande variedade de situações e resultam num desempenho eficaz ou superior. Os componentes das competências dos professores incluem conhecimentos e aptidões, independentemente do facto de trabalharem no ensino pré-escolar, primário ou secundário (Ekong, 1999). A competência dos professores visa a melhoria do ensino e da aprendizagem na escola.

Hilda (1997) observou que as competências exigidas aos professores são mais do que o mistério de certas aptidões estritamente definidas, afirmando ainda que o desenvolvimento sustentável e a coesão social dependem criticamente das competências dos professores para atingir os objectivos educativos. A globalização e a modernização estão a criar um mundo cada vez mais diversificado e interligado. Os professores precisam de competências para responder aos actuais desafios dos objectivos educativos. Yusuf, Ohanado e Yusuf (2002) identificaram três categorias de objectivos educativos: cognitivos, psicomotores e afectivos. Os professores também precisam de ser competentes em todas as componentes do domínio cognitivo, que incluem o conhecimento, a compreensão, a aplicação, a análise, a síntese e a avaliação. Devem igualmente possuir competências em todos os níveis do domínio psicomotor, que incluem: perceção, fixação, respostas guiadas, mecanismo, resposta aberta complexa, adaptação e origem. As competências no domínio afetivo também são necessárias para receber, responder, valorizar, organizar e caraterizar.

As competências dos professores de carpintaria e de marcenaria podem ser desenvolvidas para um ensino eficaz na sala de aula. Os professores competentes transmitem os conhecimentos, as capacidades e as atitudes necessárias aos seus alunos sem qualquer dificuldade. A psicomotricidade é a avaliação das capacidades de manipulação do professor, que é o objeto deste estudo.

**Abordagens para a identificação das necessidades de competências técnicas dos professores de carpintaria e marcenaria nas escolas técnicas**

Há muitas abordagens que podem ser utilizadas para identificar as necessidades de competências técnicas dos professores de marcenaria. Estas abordagens incluem: (1) Abordagem baseada em competências (2) Análise de funções (3) Abordagem de análise ocupacional (4) Abordagem modular (5) Abordagem de análise de tarefas.

Estas são discutidas mais adiante:

**Abordagem baseada em competências**

Para que alguém possa desempenhar eficazmente uma atividade profissional, é necessário um certo nível de competência. Na opinião de Olaitan e Ali (1997), a competência é o conhecimento, as aptidões, as atitudes e o discernimento geralmente necessários para o desempenho bem sucedido de uma tarefa. A apreciação, tal como aqui utilizada, significa a utilização de muitas capacidades cognitivas e afectivas no processo de tomada de decisões. Esta abordagem, acrescentam, pode ser utilizada para formar pessoas capazes de utilizar conhecimentos, competências, atitudes e capacidades nas suas várias disciplinas. Nos programas que foram desenvolvidos segundo eles, segue-se um certo formato sistemático: categoria, grupo e elementos de competência.

Na sua própria opinião, Olaitan, Nwachukwu, Igbo, Onyemachi e Ekong (1999) afirmaram que a abordagem baseada nas competências é um processo de conceção e aplicação de estratégias que ajudam um estudante a adquirir conhecimentos, aptidões e atitudes necessárias para entrar com êxito num emprego e que envolve a organização das aptidões, conhecimentos e atitudes a aprender numa hierarquia de dificuldade.

Enumeraram os seguintes passos para uma utilização eficaz da abordagem baseada nas competências

(1)Identificação de todas as competências ou tarefas a aprender.

(2)Determinar o que é necessário saber e fazer para executar as tarefas ou empregos identificados.

(3)Organização das tarefas e dos trabalhos em cursos adequados.

(4)Organizar numa hierarquia os conhecimentos e as competências necessários para cada tarefa ou posto de trabalho.

(5)Determinar o que é necessário saber para dominar cada conhecimento ou competência.

Noutro ponto de vista de Watson (1990), a abordagem baseada na competência é um processo útil numa situação de formação em que o formando deve atingir um número reduzido de competências específicas relacionadas com o trabalho. A essência, segundo ele, é fazer com que os indivíduos que participam na formação ganhem confiança em si próprios, à medida que vão amadurecendo competências específicas.

Para tal, Silivan (1995) explicou que, no sistema de formação baseado em competências, a unidade de progressão é o domínio de conhecimentos e capacidades específicos e está centrada no formando. Seguem-se os elementos essenciais e as caraterísticas por ele enumeradas na utilização do sistema baseado em competências. Os elementos essenciais incluem:

1. As competências a atingir são cuidadosamente identificadas, verificadas e tornadas públicas com antecedência.

2. Os critérios a utilizar na avaliação dos resultados e as condições em que estes serão avaliados são explicitamente selecionados e previamente divulgados.

3. O programa de ensino para o desenvolvimento individual e a avaliação de cada da competência deve ser especificado.

4. A avaliação da competência tem em conta os conhecimentos e as atitudes do participante, mas exige que o desempenho efetivo da competência seja a principal fonte de prova.

5. Os participantes progridem no programa de ensino ao seu próprio ritmo, demonstrando a obtenção das competências especificadas.

Além disso, o autor referiu as caraterísticas da abordagem baseada em competências para a identificação de competências, que incluem

1. As competências são cuidadosamente selecionadas.

2. A teoria de apoio é também integrada na prática das competências.

3. Os materiais de formação pormenorizados estão também relacionados com as competências a atingir e são concebidos para apoiar a aquisição de conhecimentos e competências.

4. Os métodos de ensino envolvem o domínio, a aprendizagem das premissas de que todos os participantes podem dominar os conhecimentos ou competências necessários, desde que seja utilizado tempo suficiente e métodos de formação adequados.

5. Os conhecimentos e as competências dos participantes são avaliados à medida que entram num programa e aqueles que possuem conhecimentos e competências satisfatórios podem dispensar a formação em competências já adquiridas.

6. As abordagens de formação flexíveis incluem impressões, audiovisuais e simulações (modelo) relacionadas com as competências a dominar.

7. A aprendizagem deve ser feita ao ritmo do próprio aluno.

8. A conclusão satisfatória da formação baseia-se na obtenção de todas as competências especificadas.

A abordagem baseada em competências é muito relevante para a identificação de conhecimentos, aptidões e atitudes (competências) num programa concebido para formar indivíduos que não têm conhecimento prévio do programa antes de entrarem.

**Análise do trabalho**

A abordagem de análise do posto de trabalho, tal como é vista por Carter (1999), é um processo para identificar e determinar em pormenor os requisitos específicos das funções do posto de trabalho e a importância relativa dessas funções para um determinado posto de trabalho. O objetivo da análise do posto de trabalho é identificar os requisitos específicos do posto de trabalho e os factores ambientais que podem afetar o desempenho do posto de trabalho. Na sua opinião, Olaitan (2003) afirmou que a análise do posto de trabalho é uma declaração de todos os factos relativos a um posto de trabalho que revela o seu conteúdo e os factores de modificação que o rodeiam. Acrescentou ainda que a análise do posto de trabalho é uma tentativa de enumerar todos os conhecimentos, aptidões e atitudes que devem ser ensinados ao aprendente para que este possa aprender o ofício completo. Nos seus próprios contributos, Williams (1982) e Osuala (1999) em Olaitan (2003) descreveram a análise do posto de trabalho como uma lista detalhada dos deveres, operações e competências necessárias para desempenhar um posto de trabalho claramente definido. Essas operações e competências são organizadas numa sequência lógica que pode ser utilizada para efeitos de ensino, emprego ou classificação.

Olaitan et al (1999) indicaram algumas etapas da análise de postos de trabalho que incluem

(1)Identificar os critérios de sucesso no trabalho.

(2)Identificar as caraterísticas que permitem prever os critérios de sucesso.

(3)Identificar o que faz um trabalhador.

Noutro ponto de vista, Guide (2001) afirma que os dados da análise do posto de trabalho podem ser recolhidos junto dos titulares através de entrevistas ou questionários e que o produto da análise é uma descrição ou especificação do posto de trabalho e não da pessoa. Por conseguinte, o autor enumera os objectivos, os métodos de análise do posto de trabalho e os aspectos de um posto de trabalho que podem ser analisados do seguinte modo

1. **Objetivo da análise das funções**

Segundo ele, o objetivo da análise das funções é estabelecer e documentar a "relação entre as funções" e os procedimentos de emprego, tais como a formação, a seleção, a remuneração e a avaliação do desempenho. Estes procedimentos são ainda explicados para determinar as necessidades de formação.

A análise das funções pode ser utilizada na "avaliação das necessidades" de formação para identificar ou desenvolver o conteúdo da formação, no teste de avaliação para medir a eficácia da formação, no equipamento a utilizar para ministrar a formação e nos métodos de formação (por exemplo, pequenos grupos de vídeo e salas de aula baseadas em computador). Segundo ele, a análise das funções pode ser utilizada na remuneração para identificar/determinar: nível de competências, factores de trabalho compensáveis, ambiente de trabalho (por exemplo, riscos e atenções, factores físicos), responsabilidades (por exemplo, fiscais, de supervisão) exigidas, nível de educação indiretamente relacionado com o nível salarial.) A análise dos postos de trabalho pode ser utilizada nos processos de seleção, tal como referido pelo autor, para identificar os seguintes elementos

(1)Deveres profissionais que podem ser incluídos nos anúncios de vagas de emprego;

(2)Nível salarial adequado para o cargo, para ajudar a determinar o salário que deve ser oferecido a um candidato;

(3)Requisitos mínimos (habilitações literárias e ou experiência) para a seleção de candidatos;

(4)Perguntas da entrevista;

(5)Testes/instrumentos de seleção (por exemplo, provas escritas, provas orais, simulações de trabalho);

(6)Formulários de apreciação/avaliação dos candidatos e

(7)Materiais de orientação para candidatos/novos contratados.

A análise das funções pode ser utilizada na avaliação do desempenho para identificar:

> Metas e objectivos, normas de desempenho, critérios de avaliação.

> Duração dos períodos de estágio e

> Funções a avaliar.

Sobre os métodos de análise do trabalho:

O método mais adequado consiste em entregar ao trabalhador um questionário simples para identificar as suas funções, responsabilidades, equipamento utilizado, relações de trabalho e ambiente de trabalho. O questionário completo seria depois utilizado para ajudar na análise do posto de trabalho, que conduziria uma entrevista com o trabalhador. Um rascunho do trabalho, deveres, responsabilidades, relação com o equipamento e ambiente de trabalho identificados pelo trabalhador será revisto com o supervisor ou com rigor. Isto permitiria ao analista preparar uma descrição e especificações do posto de trabalho.

**Aspectos do trabalho analisados**

A análise do trabalho deve recolher informações sobre os seguintes domínios:

(i) Deveres e tarefas: A informação fornecida sobre estes itens deve incluir a frequência, a duração, os esforços, a competência, a complexidade, o equipamento, as normas, etc.

(ii)    Ambiente: O ambiente de trabalho pode incluir condições desagradáveis, tais como odores desagradáveis e temperaturas extremas. Este facto pode ter um impacto significativo nos requisitos físicos necessários ao desempenho da função. Riscos definidos para o trabalhador, tais como fumos nocivos, substâncias radioactivas, pessoas hostis e agressivas e explosivos perigosos.

(iii)   Ferramentas e equipamento: Algumas funções e tarefas são executadas utilizando equipamento e ferramentas específicos. O equipamento pode incluir vestuário de proteção, sapatos, bonés, luvas, etc., que devem ser especificados na análise do trabalho.

(iv)    Relações: Supervisão dada e recebida, relações com pessoas internas e externas.

(v)Requisitos: Os conhecimentos, competências e aptidões (KSA) necessários para o desempenho da função, embora o titular possa ter KSA mais elevados do que os exigidos para a função, uma análise da função normalmente indicará apenas os requisitos mínimos para o desempenho da função.

Os pontos fortes são indicados a seguir:

(2)estabelece um sistema de prioridades para a seleção e colocação no posto de trabalho;

(3)estabelece critérios de sucesso do trabalho;

(4)fornece uma estimativa preliminar das caraterísticas que podem ser avaliadas na seleção de uma pessoa para o posto de trabalho;

(5)estima as caraterísticas que diferenciam o sucesso num emprego do sucesso noutro.

As restrições à utilização da abordagem da análise do trabalho são as seguintes

(1)Não permite a aprendizagem de uma operação para outra.

(2)Poderá haver dificuldade em identificar traços de carácter específicos dos trabalhadores.

(3)O trabalhador pode não ser colocado corretamente devido a dificuldades na identificação dos traços de carácter adequados.

(4)O que um trabalhador faz no trabalho pode ser estudado em vez do que é feito no trabalho.

**Abordagem de Análise Ocupacional**

De acordo com Montagna (1997), a ocupação é um papel social desempenhado por membros adultos de uma sociedade que, direta ou indiretamente, tem consequências sociais e financeiras e que constitui um foco importante na vida de um adulto. Na sua própria opinião, Taba (1982), em Olaitan et al (1999), afirma que a abordagem da análise ocupacional diz respeito à listagem de todas as tarefas profissionais, bem como dos conhecimentos, competências e atitudes que o aprendente deve aprender para poder entrar e funcionar numa profissão.

Thompson (1997) observou que existem diferentes profissões. Em algumas áreas profissionais, algumas competências técnicas sobrepõem-se. Ou seja, as competências técnicas de uma profissão podem ser relevantes para as competências técnicas de outra. Afirmou que algumas profissões podem exigir trabalhadores competentes em matéria de planeamento, organização e comercialização, de modo a que o pessoal competente, que é o especialista, e outros grupos combinem os seus esforços para atingir os objectivos declarados das empresas.

Na sua opinião, Baker (1996) explicou que a abordagem ocupacional consiste na identificação de competências que são comuns e, em certa medida, necessárias para o emprego inicial numa série de empregos ou ocupações relacionadas. Acrescentou ainda que esta abordagem pode ser de grande utilidade no currículo de uma ocupação que envolva conhecimentos técnicos, competências, atitudes e capacidades de nível inicial e a compreensão da profissão ou ocupação pretendida.

**Abordagem modular**

Segundo Olaitan (2003), o módulo é uma unidade de medida e um segmento de um programa de ensino, que pode servir de base para o planeamento diário. A abordagem modular, na perspetiva de Sulven (1995), implica a subdivisão da qualificação total exigida ou de um determinado perfil profissional num conjunto de competências ou aptidões empregáveis, cada uma das quais tem de ser ministrada por um módulo. Sulven sublinha que a divisão dos conteúdos curriculares é feita de forma diferente, em que cada unidade é autónoma. Cada unidade é independente e contém todos os conhecimentos teóricos e as competências práticas visadas pela unidade.

Este método de divisão do currículo, acrescentou, permite que cada unidade seja utilizada em diferentes contextos e possa ser alterada, modificada ou eliminada sem que seja necessário alterar todo o currículo. Afirmou ainda que o ensino modularizado é um ensino baseado na competência, ou seja, a avaliação do formando é feita em relação a uma tarefa claramente definida que tem de ser executada em determinadas condições e de acordo com um determinado padrão, independentemente do tempo passado na formação. Um módulo típico de uma gama de qualificações profissionais pode conter 20 a 40 competências. Estas devem ser adquiridas em 2 anos de formação completa, com 3 ou 4 semanas por módulo. Por conseguinte, enumerou os seguintes elementos como conteúdo de um módulo:

(1)Disciplina de ensino/aprendizagem.

(2)Instrução/método de ensino.

(3)Objectivos de ensino/aprendizagem.

(4)Equipamento necessário.

(5)Método de avaliação.

Na opinião de Olaitan e Ali (1997), a abordagem modular à conceção do currículo é uma unidade curricular baseada no desenvolvimento das competências de nível de entrada dos estudantes. Segundo eles, na abordagem modular, os alunos e os seus objectivos profissionais constituem a base para o planeamento do programa. Com a abordagem modular, o currículo total de um determinado domínio é dividido em unidades como módulos. Estes têm a mesma duração e requerem aproximadamente horas específicas de tempo de instrução para serem realizados com um grupo médio de estudantes.

Afirmaram ainda que, na abordagem modular, cada módulo é desenvolvido em torno de conhecimentos, competências e atitudes de que um estudante necessita para o desenvolvimento de um nível de entrada no sector de trabalho da sua escolha. Observou ainda que a abordagem modular permite atingir um objetivo imediato, em que o aprendente está ciente da competência a ser aprendida e em que condições deve funcionar. Isto pode ser explicado como tendo um pré-conhecimento do que deve ser alcançado, então ele/ela torna-se mais interessado/a e procura atingir o objetivo em tempo recorde.

Uma das vantagens da abordagem modular é o facto de o módulo se prestar a uma revisão contínua para satisfazer as exigências profissionais em mudança do formando devido ao avanço da tecnologia. Neste caso, o módulo deve ser capaz de incorporar novos conhecimentos, práticas e melhorias na atividade profissional.

**Abordagem de análise de tarefas**

A tarefa, de acordo com Mager (1969) em Olaitan (2003), é um conjunto de acções logicamente relacionadas necessárias para a realização de um trabalho. Na opinião de Wheeler (1978), a análise da tarefa é um processo de listagem de todas as etapas envolvidas em cada tarefa e o desempenho efetivo da tarefa em ação. Acrescentou que a análise de tarefas tem duas etapas. A primeira é a listagem de tarefas, ou seja, a listagem de todas as etapas de cada tarefa e a segunda é a execução efectiva da tarefa em ação.

Olaitan et al (1999) afirmaram que a análise de tarefas diz respeito ao processo de dividir o trabalho em componentes mais pequenas e deriva de uma área profissional. É também a identificação de classes de comportamentos de aprendizagem a realizar por um indivíduo. A área profissional é dividida em tarefas que são subdivididas em subtarefas.

A análise de tarefas, tal como explicado por eles, envolve o desenvolvimento de uma lista de tarefas que são normalmente executadas por profissionais numa profissão para realizar um trabalho. O autor identificou ainda quatro etapas principais na elaboração da tarefa, a saber (i) Identificação da tarefa; (ii) clarificação da tarefa; (iii) pormenorização da tarefa; (iv) fixação ou sequenciação da tarefa. 1. Na clarificação da tarefa, as competências a ensinar são identificadas em termos claros. 2. A clarificação da tarefa implica um exame crítico das competências identificadas como relevantes para a tarefa a realizar. 3. O detalhamento da tarefa envolve a divisão das competências em partes minúsculas para serem manuseadas durante a formação. Ou seja, a competência principal é dividida em competências minúsculas que podem ser manuseadas durante a formação. 4. A sequenciação de tarefas é quando as tarefas são organizadas de forma lógica para facilitar a sua gestão durante a formação ou aprendizagem.

Hackos e Reddish (1998) explicaram que a análise da tarefa analisa o que um utilizador tem de fazer em termos de ação e de processo cognitivo para realizar uma tarefa. Esta análise pormenorizada da tarefa pode ser efectuada para compreender a corrente e os fluxos de informação nela existentes. Esta informação é importante para a manutenção do sistema existente e deve ser incorporada ou substituída em qualquer novo sistema. Explicaram ainda que a análise das tarefas permite conceber e atribuir adequadamente as tarefas no âmbito do sistema. As funções a incluir no sistema e a interface do utilizador podem então ser especificadas. Enumeraram os seguintes métodos de decomposição das tarefas em subtarefas:

(1)Identificar a tarefa a ser analisada.

(2)Dividir a tarefa em 4 ou 8 alunos ou unidades.

(3)Desenhar a subtarefa como diagrama de camadas, assegurando que está completa.

(4)Continuar o processo de quebra, assegurando que a quebra e a numeração são consistentes.

(5)Apresentar a análise a uma pessoa que não tenha estado envolvida na quebra, mas que conheça suficientemente bem as tarefas para verificar a sua inconsistência.

Olaitan et al (1999) enumeraram os pontos fortes da análise de tarefas da seguinte forma:

(1)Fornece uma base para a recolha de informações inter-relacionadas sobre o trabalho, a fim de atribuir prioridades.

(2)Ajuda a tomar decisões sobre a reestruturação de um ambiente de aprendizagem.

(3)Torna válido o processo de seleção de conteúdos em qualquer trabalho.

(4)É útil para a conceção de objectivos de ensino.

(5)Ajuda a especificar os objectivos de ensino.

(6)Ajuda a determinar as estratégias de ensino.

(7)É útil na avaliação dos desempenhos.

Esta abordagem é adequada para a identificação e seleção de experiências de aprendizagem num programa para aprendentes que têm pouco conhecimento prévio ou compreensão do conteúdo do programa.

Das abordagens acima referidas, este estudo identificará a análise de tarefas e as abordagens modulares, que ajudarão a orientar o investigador na identificação das necessidades de competências técnicas dos professores de carpintaria.

**Competências técnicas necessárias aos professores de carpintaria e de marcenaria em marcenaria**

A marcenaria é uma parte do trabalho da madeira que envolve a união de peças de madeira, para produzir itens mais complexos (algumas juntas de madeira empregam fixadores, ligações ou adesivos, enquanto outras usam apenas elementos de madeira (McKeever e Phelps1994). As caraterísticas das juntas de madeira - resistência, flexibilidade, dureza, aspeto, etc. - derivam das propriedades da madeira. - derivam das propriedades dos materiais de união e da forma como são utilizados nas juntas. Por conseguinte, são utilizadas diferentes técnicas de carpintaria para satisfazer diferentes requisitos. Por exemplo, a carpintaria utilizada para construir uma casa é diferente da utilizada para fabricar brinquedos de puzzle, embora alguns conceitos se sobreponham. No sector da construção, um marceneiro é um tipo de carpinteiro que corta e encaixa juntas na madeira sem utilizar pregos, parafusos ou outros elementos de fixação metálicos. Os marceneiros trabalham geralmente numa oficina, porque a formação de várias juntas requer normalmente máquinas não portáteis. A marcenaria é simplesmente o método pelo qual duas peças de madeira são ligadas. Em muitos casos, a aparência de uma junta torna-se pelo menos tão importante como a sua resistência. A carpintaria de madeira engloba tudo, desde as intrincadas caudas de andorinha até às ligações que são simplesmente pregadas, coladas ou aparafusadas. Nesta secção, discutiremos uma série de opções de marcenaria a considerar quando trabalhar nos seus projectos.

De acordo com Chris (2012), a junção de madeira é um dos conceitos mais básicos do trabalho em madeira. Se não houvesse a capacidade de unir duas peças de madeira de forma sólida, todas as peças de carpintaria seriam esculturas esculpidas numa única peça de madeira. No entanto, com os muitos e variados tipos de marcenaria, um marceneiro tem no seu arsenal uma série de juntas diferentes que pode escolher, de acordo com o projeto. Se dominar estes conceitos de marcenaria, estará no bom caminho para se tornar um marceneiro muito bem sucedido. A marcenaria é o coração do trabalho em madeira de qualidade. Sem a capacidade de ligar peças de madeira com uma junta forte e atraente, todos os projectos de carpintaria teriam de ser esculpidos a partir de uma única peça de madeira (Chris, 2012). Uma vez dominadas, cada uma das seguintes juntas de carpintaria comuns pode ser utilizada em numerosos tipos de projectos.

A junta de topo é a junta mais básica para trabalhar madeira. Embora a junta seja simples, há uma quantidade considerável de precisão que deve ser mantida para que uma junta de topo funcione corretamente. Chris (2012) explicou que as juntas de topo são o método mais básico para ligar duas peças de madeira e, embora não seja a mais forte das juntas, é muito útil em algumas situações. Não existe uma junta de madeira mais básica do que a junta de topo. Uma junta de topo não é nada mais do que quando uma peça de madeira se encosta a outra (na maioria das vezes num ângulo reto, ou em esquadria em relação à outra tábua) e é fixada com parafusos mecânicos. Este tipo de junta é frequentemente utilizado no enquadramento de paredes em estaleiros de construção (Michael, 2012). Uma junta de topo com esquadria é basicamente o mesmo que uma junta de topo básica, exceto que as duas tábuas são unidas num ângulo (em vez de ficarem quadradas uma em relação à outra). A vantagem é que a junta de topo com esquadria não mostra o veio da extremidade e, como tal, é um pouco mais agradável do ponto de vista estético. No entanto, a junta de topo com esquadria não é assim tão forte. A junta de meia-lapa é aquela em que metade de cada uma das duas tábuas que estão a ser unidas é removida, de modo a que as duas tábuas se juntem uma à outra. Este tipo de junção de madeira pode obviamente enfraquecer a força das duas tábuas adjacentes, mas também é uma junção mais forte do que as juntas de topo. Existem vários projectos em que este tipo de junta de madeira é bastante desejável, apesar dos seus inconvenientes (Mara Bateman, 2008). Quando se juntam duas tábuas quadradas uma à outra ao longo de uma aresta longa, pode simplesmente fazer-se uma junta de topo e fixá-la com fixadores. No entanto, a junta macho e fêmea é muito mais forte e oferece mais superfícies adjacentes, o que é particularmente útil se a junta for colada. A junção macho e fêmea é um método clássico de carpintaria de madeira. Estas juntas têm sido utilizadas desde os primeiros tempos do trabalho em madeira e continuam a ser dos métodos mais fortes e elegantes para unir madeira. Aprenda métodos para criar juntas de encaixe e espiga apertadas e bonitas.

Outro método para unir as tábuas ao longo das bordas (como a junta macho e fêmea) é cortar ranhuras e usar bolachas de madeira de faia (conhecidas como biscoitos) para manter as tábuas no lugar. Esta é uma junta de carpintaria moderna muito útil, particularmente para criar tampos de mesa, dependendo da cola e do inchaço do biscoito de madeira de faia para manter as tábuas no lugar (Chris, 2012). Aprenda a cortar ranhuras consistentes e a obter resultados fiáveis com a junção de biscuit. A junta de bolso é um tipo de carpintaria de madeira que envolve o corte de uma ranhura e a pré-perfuração de um orifício piloto num ângulo entre duas tábuas antes de as ligar com um parafuso. Esta pré-perfuração tem de ser muito precisa, pelo que é normalmente efectuada através da utilização de um gabarito comercial. As juntas de encaixe funcionam muito bem para molduras de armários e outras aplicações semelhantes em que não é necessária muita força. Aprenda os passos para criar juntas de bolso nos seus projectos de carpintaria. Um dado não é nada mais do que uma ranhura quadrada numa tábua onde outra tábua irá encaixar. Semelhante à junção de lingueta e ranhura, esta é uma junta de madeira comummente utilizada para ligar contraplacado, como na construção de armários. Saiba como cortar corretamente um dado e quando o utilizar. Outra junta de madeira comum utilizada em armários é o encaixe (Sam, 1990). Um rabbet é essencialmente um corte de dado ao longo da borda de uma tábua. Os encaixes são frequentemente utilizados na parte de trás dos armários e outras montagens semelhantes para fixar a parte de trás aos lados da caixa, acrescentando uma quantidade considerável de força à montagem. Saiba como cortar encaixes limpos e quando os utilizar. De todos os métodos de carpintaria de madeira, a cauda de andorinha pode ser o mais venerado. Uma cauda de andorinha clássica é bonita e muito forte, e acrescenta um toque de classe a qualquer peça. Existem alguns métodos para criar caudas de andorinha, desde o corte manual até à maquinação com um gabarito.

Há situações em que uma junta de cauda de andorinha é a ligação de eleição, mas ambas as extremidades das caudas de andorinha não devem ser visíveis (Williams, sem data). Um exemplo perfeito é a frente de uma gaveta, onde não se quer ver a extremidade da cauda de andorinha passante na face da gaveta. Para este tipo de junta, a melhor escolha é uma cauda de andorinha semi-oculta. Uma cauda de andorinha deslizante é uma junta versátil com muitas utilizações possíveis. Uma boa maneira de pensar nela é como um dado de bloqueio. De acordo com Chris (2012), são necessárias as seguintes aptidões/competências para efetuar juntas de topo

**Os cortes quadrados são fundamentais:**

A chave para uma junta de topo de qualidade é certificar-se de que as extremidades das duas tábuas são cortadas da forma mais quadrada possível. Isto é mais fácil com uma serra de esquadria, embora se possam obter resultados de qualidade com uma serra circular e um esquadro, desde que o ângulo da lâmina da serra circular esteja regulado para zero graus.

**A cola fornece a força:**

A resistência de uma junta de topo provém da cola existente na junta. No entanto, há dois problemas com o uso de cola como o único meio de manter a conexão. Em primeiro lugar, quando a cola é aplicada na extremidade do veio de uma tábua, ela tende a penetrar no veio muito mais do que a cola aplicada na parte lateral do veio. O veio da extremidade é a parte mais porosa da madeira, pelo que poderá ter de aplicar um pouco mais de cola do que o normal. Em segundo lugar, a cola não fornecerá muita força lateral. Como tal, é aconselhável utilizar alguns parafusos ou pregos para reforçar a junta. Se utilizar madeira dura para o projeto, certifique-se de que perfura previamente os orifícios piloto antes de inserir os parafusos na junta, caso contrário, poderá partir o material e ter um problema maior em mãos do que uma junta de topo fraca.

As juntas de encaixe e espiga fazem ligações fortes entre duas peças de madeira. O encaixe é um orifício escavado numa peça de madeira, enquanto a espiga é escavada na extremidade de outra peça para encaixar precisamente no orifício. A cola é normalmente tudo o que é necessário para manter a junta unida. A junta de encaixe e espiga tem muitas utilizações no trabalho da madeira, incluindo em armários, fabrico de cadeiras e em qualquer lugar onde duas tábuas se juntem e seja necessária uma junta forte. Lee (2007) enumerou as seguintes competências para efetuar juntas de encaixe em madeira:

Montar a fresa na ferramenta rotativa.

- Ajustar a velocidade da ferramenta rotativa para 35.000 rpm.

- Fixe a mesa da tupia à ferramenta rotativa e ajuste a altura da broca 1/4 de polegada acima da mesa.

- Posicione o esquadro a 1/4 de polegada de distância da borda da broca.

- Com o esquadro do lado direito, meça a partir da parte de trás da broca ao longo do esquadro 1 1/4 polegadas e faça uma marca.

- Coloque um l-by-2 na mesa da tupia com a face larga contra a vedação e a borda estreita contra a mesa.

- Ligar a ferramenta rotativa.

- Mantenha a tábua encostada ao esquadro e introduza-a lentamente na broca.

- Mova-o 1/4 de polegada para dentro da broca, recue-o ligeiramente,

- e depois avançar.

- Repetir esta ação até que a extremidade da prancha atinja a marca,

- depois recuar a placa e retirá-la da mesa. Desligar a ferramenta.

- Elevar a broca até 1/2 polegada acima da mesa.

- Ligue a ferramenta e introduza lentamente a tábua na broca de 1/4 de polegada de cada vez para aprofundar a ranhura. Pare quando a extremidade da tábua atingir a marca.

- Desligar a ferramenta.

- Fixe a l-by-2 a uma superfície de trabalho com o entalhe fresado virado para cima.

- Colocar o bordo de corte do cinzel sobre o bordo interior arredondado do encaixe e manter o cinzel na vertical.

- Bata no cabo do cinzel com o martelo para cortar a madeira e enquadrar a extremidade do encaixe.

- Ajuste a altura da fresa para 1/4 de polegada. Afaste a mesa 5/8 polegadas da broca.

- Colocar a 1 por 6 sobre a mesa com a face larga encostada à vedação.

- Colocar a segunda l-by-2 na extremidade com a face larga contra a vedação e entre a l-by-6 e a broca.

- Prenda o l-by-2 ao l-by-6 para que possam deslizar juntos para a frente e para trás ao longo da vedação.

- Ligar a ferramenta rotativa.

- Lentamente, junte as tábuas fixadas para remover 1/8 de polegada de material da borda da l-by-2.

- Levante a broca 1/4 de polegada e repita a operação. Pare a ferramenta e retire o grampo das tábuas.

- Vire a l-by-2 para colocar a face fresada contra a vedação,

- fixar a placa à l-by-6 e repetir a operação.

- Mova o esquadro para 1/2 polegada da broca, ajuste a altura da broca para 1/4 de polegada e repita as quatro operações de corte na extremidade da l-by-2. O resultado é um corte em espiga de 1/4 de polegada de largura na extremidade do l-by-2.

- Teste o encaixe da espiga no encaixe.

- Encaixe bem no orifício com as bochechas da espiga firmemente contra a face da tábua entalhada.

- Separe as tábuas e aplique cola nas superfícies da espiga e do encaixe com o pincel.

- Encaixe a espiga no encaixe, fixe as peças e espere uma hora para a cola curar.

No desempenho das competências acima referidas, são essenciais as seguintes instruções de segurança

- Se a ferramenta abrandar durante o corte, baixe a broca para fazer cortes mais pequenos e remover o material em passagens mais pequenas. Inicie a altura da broca em 1/8 de polegada e aumente-a 1/8 de polegada de cada vez.

- Ao cortar o encaixe, certifique-se de que avança um pouco e depois recua. Isto permite que a broca retire as aparas de madeira da ranhura.

- Não tente cortar as faces da espiga à mão livre. Fixe a peça à l-by-6 e use-a como guia para mover a l-by-2 para a frente e para trás.

- Usar óculos de proteção e uma máscara anti-pó durante o corte de madeira.

As ferramentas e o equipamento para os trabalhos de joalharia incluem

- Broca de tupia reta de 1/4 de polegada

- Ferramenta rotativa

- Fixação da mesa da tupia

- 2 tábuas de pinho, de 1 por 2

- tábua de pinho de 1 por 6

- Braçadeiras

- Cinzel

- Malho

- Cola amarela

- Escova utilitária

Junta de esquadria - A junta de esquadria é utilizada quando não se pretende que o veio da extremidade da madeira fique à vista. As juntas de esquadria são utilizadas para molduras de quadros: de acordo com Mara (2012), são necessários os seguintes elementos para efetuar juntas de esquadria

- Ao montar uma moldura, faça ou compre a moldura de madeira adequada para o efeito.

- Marque com um lápis o comprimento e a largura da moldura. Marque duas peças do comprimento e também duas peças da largura.

- Coloque o bisel em T deslizante num ângulo de 45 graus e marque ambas as extremidades do comprimento e ambas as extremidades da largura.

- Colocar a moldura sobre a bancada de trabalho, virada para baixo.

- Segurar a moldura firmemente contra a bancada de trabalho. Se necessário, colocar um pequeno batente de madeira para que a moldura não se mova durante o corte.

- Com uma serra, corte a esquadria no lado dos resíduos da moldura.

- Montar o quadro e verificar se as juntas encaixam.

- Com um esquadro, verifica se os lados estão no ângulo reto.

- Aplique cola para madeira e monte a junta de esquadria, utilizando tábuas e pequenos pregos de acabamento.

- Instalar um pequeno suporte temporário de madeira na parte de trás do quadro e guardar para secar durante 24 horas. Uma extremidade do suporte deve ser pregada ao comprimento e a outra extremidade, à largura do quadro.

- Retirar o suporte temporário de madeira depois de a cola ter secado.

Juntas de encaixe e espiga - As juntas de encaixe e espiga são utilizadas no fabrico de mobiliário, portas, caixilhos de janelas e cadeiras. Neste tipo de junta, uma peça de madeira tem um orifício ou encaixe. A outra peça tem uma saliência ou espiga:

- Aplainar e esquadrar à dimensão indicada as peças que vão ser unidas.

- Coloque o entalhe na perna de madeira. Se possível, coloque a junta a 19 milímetros (3/4 de polegada) abaixo do topo. Pode ser utilizado um medidor de marcação para fazer um esquema.

- Ao fazer as pernas de uma mesa, armário ou banco, faça o entalhe em quatro pernas de uma só vez.

- Fixar a peça a ser entalhada numa bancada ou num torno.

- Escolha o tamanho adequado da broca e fixe-a a um suporte. Faça uma série de furos no material residual até à profundidade desejada.

- Fazer o entalhe o mais profundo possível.

- Com a utilização de um cinzel afiado, apare os lados do encaixe.

- Estender a espiga de acordo com o desenho de trabalho.

- Corte a espiga com uma serra no lado dos resíduos da linha marcada para retirar o material extra. Continue a cortar até a espiga estar terminada.

- Tente encaixar as duas peças (encaixe e espiga). Têm de encaixar bem; caso contrário, corte os lados do encaixe ou da espiga até obter o encaixe correto.

- Aplique cola no encaixe e na espiga e monte a junta. Utilize um grampo quando necessário. Certifique-se de que as tábuas estão em ângulos rectos entre si.

Junta de encaixe - A junta de encaixe é ideal para construções de canto, como no fabrico de gavetas e estantes:

- Aplainar e esquadrejar as peças a unir.

- Coloque as duas peças na posição correta e marque a localização da junta de encaixe.

- Com a ajuda de um esquadro e de um lápis, marque uma linha ao longo da superfície da peça a ser entalhada.

- Estender as linhas em ambos os bordos.

- Determinar e marcar a profundidade do encaixe na extremidade e nos bordos com um esquadro e um lápis.

- Fixar a peça a cortar num torno. Comece a cortar no lado dos resíduos das linhas até à profundidade marcada.

- Cortar as restantes sobras de caldo.

- Teste se as duas peças encaixam bem. Se necessário, corte a borda do encaixe com um cinzel de madeira afiado para fazer uma junção bem ajustada.

- Montar a junta de encaixe com pregos ou parafusos.

O Conselho Nacional do Ensino Técnico (2012) identificou as seguintes competências a serem adquiridas em marcenaria:

- Observar as precauções necessárias para a realização de trabalhos de carpintaria

- Selecionar ferramentas e equipamentos adequados para o trabalho de joalharia

- Identificar a madeira adequada para trabalhos de carpintaria

- Construir um armário simples ou um rodapé

- Conceber corretamente a caixa do automóvel enquadrada

- Construir uma mala de carro com moldura

- Aplicar as ferramentas adequadas para a construção de gavetas para mesas e armários

- Construir um móvel com encaixe, encaixe de batente, encaixe de cauda de andorinha e encaixe de face nua

- Preparar as superfícies antes do acabamento

- Aplicar acabamentos de base, como tintas a óleo, verniz francês, utilizando goma de pulverização

- Aplicar ferramentas eléctricas portáteis e máquinas para construir um projeto de caixa de carro emoldurada

- Construir o caixilho da porta de acordo com as especificações

- Preparar o caixilho da janela de acordo com as especificações

- Efetuar medições precisas ao fazer caixilhos de janelas e portas

- Realizar experiências para determinar o poder de espalhamento, o tempo de secagem e a permeabilidade das amostras de tinta

- Fixar corretamente os caixilhos das janelas acabados

- Instalar corretamente os caixilhos das portas

Todas estas competências são de natureza técnica e são necessárias aos professores de carpintaria e joalharia para um ensino eficaz na sala de aula.

**Competências Técnicas Necessárias aos Professores de Carpintaria e Marcenaria em Cofragem**

Os professores de carpintaria e de marcenaria devem ser tecnicamente competentes em matéria de cofragem. Cofragem é o termo dado a moldes temporários ou permanentes nos quais o betão ou materiais semelhantes são vertidos. A cofragem é melhor descrita por LeRoy (1992) como uma estrutura que é normalmente temporária, mas pode ser total ou parcialmente permanente, é utilizada para conter o betão vazado para o moldar nas dimensões e suporte necessários até que seja capaz de se suportar a si próprio. Cofragem, molde utilizado para moldar o betão em formas estruturais (vigas, colunas, lajes, cascas) para a construção. A cofragem pode ser de madeira, aço, plástico ou fibra de vidro. A superfície interior é revestida com um quebra-ligações (plástico ou óleo) para evitar que o betão adira ao molde. Importante para a construção de arranha-céus é a moldagem por deslizamento, em que um elemento de betão vertical é continuamente moldado utilizando uma secção curta de cofragem que é repetidamente desmontada e movida para cima à medida que cada secção é terminada ou que se move lenta e continuamente à medida que o betão é colocado (Relatório do Instituto de Tecnologia Aplicada da Nova Zelândia UNITEC, 2012). Esta forma é por vezes designada por forma trepante.

Houve numerosos desenvolvimentos para leitura adicional no que diz respeito à cofragem.

A cofragem existe em vários tipos:

1. Cofragem tradicional em madeira. A cofragem é construída no local com madeira e contraplacado ou painel de partículas resistente à humidade. É fácil de fabricar, mas consome muito tempo no caso de estruturas maiores, e o revestimento de contraplacado

tem uma vida útil relativamente curta. Continua a ser muito utilizado quando os custos de mão de obra são inferiores aos custos de aquisição de cofragens reutilizáveis. É também o tipo de cofragem mais flexível, pelo que, mesmo quando são utilizados outros sistemas, pode ser utilizado em secções complicadas.

2. Sistema de cofragem projetado. Esta cofragem é construída a partir de módulos pré-fabricados com uma estrutura metálica (geralmente aço ou alumínio) e revestida do lado da aplicação (betão) com material com a estrutura de superfície pretendida (aço, alumínio, madeira, etc.). As duas principais vantagens dos sistemas de cofragem, em comparação com a cofragem de madeira tradicional, são a rapidez de construção (os sistemas modulares são montados rapidamente por meio de pinos, grampos ou parafusos) e os custos mais baixos do ciclo de vida (salvo força maior, a estrutura é quase indestrutível, enquanto o revestimento, se for de madeira, pode ter de ser substituído após algumas - ou algumas dezenas - de utilizações, mas se o revestimento for de aço ou alumínio, a cofragem pode atingir até duas mil utilizações , dependendo dos cuidados e das aplicações).

3. Cofragem plástica reutilizável. Estes sistemas de encaixe e modulares são utilizados para construir estruturas de betão muito variáveis, mas relativamente simples. Os painéis são leves e muito robustos. São especialmente adequados para projectos de habitação de baixo custo e em massa.

4. Cofragem isolada permanente. Esta cofragem é montada no local, normalmente a partir de formas de betão isolantes (ICF). A cofragem mantém-se no local após a cura do betão e pode oferecer vantagens em termos de rapidez, resistência, isolamento térmico e acústico superior, espaço para a passagem de utilitários no interior da camada de EPS e faixa de revestimento integrada para acabamentos de revestimento.

5. Sistemas de cofragem estrutural Stay-in-Place. Esta cofragem é montada no local, normalmente a partir de formas pré-fabricadas de plástico reforçado com fibra. Estas têm

a forma de tubos ocos e são normalmente utilizadas para pilares e cais. A cofragem permanece no local após a cura do betão e actua como reforço axial e de cisalhamento, além de servir para confinar o betão e prevenir os efeitos ambientais, como a corrosão e os ciclos de congelamento e descongelamento.

A cofragem é uma construção temporária; no entanto, devem ser tomadas precauções para evitar danos no trabalho permanente (Sherwood e Moody, sem data). São três os princípios gerais que regem a conceção e a construção de cofragens:

- Precisão da qualidade da forma do betão e da qualidade da superfície final acabada.

- Resistência à segurança da estrutura de cofragem. Segurança pessoal das pessoas, tanto dos carpinteiros como do público.

- Económico. A estrutura é geralmente o componente de custo mais significativo, um fator dominante e crítico no tempo de construção.

Ao conceber a cofragem, tenha em conta o seguinte:

1. Resistência: As formas e as persianas devem ser concebidas para suportar o peso morto, a carga viva e a pressão hidrostática. O revestimento deve ser suficientemente rígido para resistir ao abaulamento. As cofragens para elementos verticais de betão, ou seja, pilares e paredes, estão sujeitas a pressões na face da cofragem. Estas são causadas pela ação fluida do betão fresco. A pressão do betão fluido sobre as faces verticais aumenta proporcionalmente à profundidade do betão. A pressão máxima encontra-se na parte inferior da cofragem. Esta pressão máxima para o betão fluido a toda a profundidade é a pressão hidrostática do betão e ocorre normalmente quando o betão é colocado muito rapidamente. Não deve ser possível que o contraventamento seja deslocado por impacto ou vento, actuando de qualquer direção Montagem e desmontagem rápidas: A conceção da cofragem e os métodos de montagem devem ser tão simples quanto possível para reduzir o tempo gasto na montagem e na desmontagem. A cofragem deve ser fácil de

remover sem causar danos ao betão.

3. Estanquidade das juntas: As propriedades de retenção de líquidos da cofragem devem ser adequadas para impedir a fuga de cimento e de agregados finos do betão. As cofragens e os suportes devem ser reforçados para evitar qualquer movimento sob a ação do vento ou durante a colocação e a vibração do betão. As persianas devem ser suficientemente rígidas para manter o elemento de betão dentro das tolerâncias permitidas.

5. Reutilização: Se possível, projecte a construção por unidades, de modo a que possa ser retirado e reutilizado o mais rapidamente possível. Utilize grampos, cunhas e dispositivos semelhantes para manter as secções de cofragem no lugar. Evite, tanto quanto possível, pregar, pois os buracos dos pregos e as contusões da madeira prejudicam a cofragem para utilização posterior. O material de cofragem deve ser durável e capaz de produzir um bom acabamento superficial.

6. Facilidade de manuseamento: As formas e as persianas devem ter um tamanho e um peso que possam ser manuseados pela mão de obra e pelas instalações disponíveis no local.

Ajustamento: Dispor todos os prumos, escoras e escoras de modo a poderem ser corretamente ajustados. Devem apoiar-se em placas de sola, de modo a que a carga seja distribuída de forma segura pela estrutura abaixo.

Remoção de detritos: Todas as cofragens devem ser dotadas de orifícios de limpeza especiais para permitir a remoção de serradura, aparas e outros detritos da parte inferior da cofragem antes do início da betonagem. A localização, o tamanho da coluna, a altura e o acabamento especificado devem ser clarificados a partir da documentação do local.

• Sequência de montagem de um pilar

• Antes de colocar a cofragem da coluna, verificar se o aço para a coluna foi inspeccionado e libertado para fundição.

- Posicionar a cofragem para o pilar a partir de grelhas pré-determinadas.

- A cofragem deve ser prumada em ambos os sentidos e apoiada de forma segura com escoras de aço ajustáveis.

- O ângulo de apoio deve ser de 45° em relação ao chão.

- Assegurar que os prumos de aço estão fixados com segurança à cofragem do pilar e ao pavimento e que o ajuste para empurrar e puxar está operacional.

- Definir as posições dos grampos de coluna a partir de uma barra de piso.

- Transferir as posições dos grampos de pilar da barra do piso para a cofragem do pilar.

- Utilizar pregos para apoiar os braços dos grampos de coluna durante o calçamento.

- Posicionar e calçar os conjuntos de grampos inferiores, intermédios e superiores.

- Verificar o esquadro da cofragem no topo.

- Posicionar e calçar os restantes grampos da coluna.

- Utilizando um fio de prumo suspenso num bloco de calibre, prumo a coluna.

- Quando toda a cofragem dos pilares estiver firmemente escorada, deve ser feita uma verificação final do prumo e do alinhamento dos pilares antes e imediatamente após o betão ter sido vertido e vibrado.

O contraventamento de cofragem de pilares desempenha duas funções de acordo com Koide (1997):

- Deve manter a exatidão da posição e do prumo da forma da coluna, de modo a que esta esteja dentro da tolerância.

- Com o suporte, resultados de forças que actuam na cofragem do pilar ou no contraventamento. As forças podem ser de vento ou de impacto. Estas forças de impacto podem ocorrer devido à colisão de baldes de betão ou de gruas que içam materiais.

O intradorso da viga deve ser de madeira espessa ou de contraplacado reforçado.

* Lados da viga em contraplacado de 18 mm ou tábuas de 25 mm, com pregos (travessas) com centros de 500 a 600 mm.

* As vigas de grande altura (mais de 600 mm) devem ter escoras e tirantes.

* Os prumos ou cimbres devem ser colocados sob a cabeceira ou sob os suportes e devem ser espaçados de acordo com o peso do betão.

* Utilizar filetes angulares na junta entre a viga e o intradorso, sempre que possível.

* Deve ser prevista uma regulação em altura dos prumos ou dos cimbres.

A sequência de montagem para a construção de cofragens para vigas inclui:

* Posição das placas de sola;

* Marcação e fixação de alturas de cimbres;

* Montar e posicionar adereços, macacos de cabeça ajustáveis,

De acordo com Kosny e Desjarlais (1994), são necessárias as seguintes competências técnicas para construir e erguer paredes laterais e vigas de madeira:

* A partir de desenhos de trabalho, o comprimento da viga pode ser determinado através da elaboração de um desenho em tamanho real ou à escala de uma secção transversal da viga que está a ser construída.

* Prever as cofragens e os contraventamentos necessários para o desenvolvimento.

* Marque uma viga padrão a partir do seu desenho de configuração.

* Marque o número necessário de vigas a partir do padrão. As vigas devem então ser fixadas em posição sobre os suportes.

* Fixar o intradorso. A largura do intradorso pode ser determinada a partir do seu cenário em tamanho real.

- Utilize uma linha de cordas para posicionar com precisão os painéis utilizados para formar o intradorso entre as colunas.

- Apoie a borda dos painéis do intradorso colocando uma viga extra sob a borda final dos painéis.

- Obter as alturas das cavilhas para as paredes a partir de um esquema em tamanho real.

- Construir os painéis de parede de estrutura de madeira em secções.

- Montar os caixilhos de parede em cada extremidade do revestimento do intradorso, ajustar cada painel para obter o prumo e a linha utilizando braçadeiras.

- Fixar as escoras, os grampos e a placa de contraventamento.

- Fixar os parafusos de fixação conforme especificado.

James (1989) afirma que o posicionamento dos suportes para uma laje suspensa é o mesmo que para uma viga, no entanto: é importante que as placas de sola estejam firmemente assentes em solo compactado ou betão nivelado. Os apoios dos suportes devem ser adequadamente escorados. Podem ser necessários suportes suplementares para apoiar as vigas e as chapas de ambos os lados das grandes penetrações. Verificar o seguinte:

- os suportes são posicionados e colocados em linha e ajustados ao nível correto.

- As placas de sola são firmemente assentes e posicionadas no centro do suporte.

- todos os suportes de suporte estão a prumo.

- são suportadas as junções de portadores.

- os suportes são colocados centralmente em cabeças em "U".

- Os suportes são espaçados conforme especificado e estão firmemente fixados na cabeça e na placa de apoio.

- todos os suportes são escorados na horizontal e na diagonal.

A posição das vigas é determinada pelo comprimento do toldo e pelo espaçamento entre centros das vigas intermédias. Verificar com as especificações do material de revestimento a utilizar. Determine o suporte perimetral necessário, o padrão de assentamento e se o veio da face deve correr paralelamente ou a 90 graus em relação às vigas. Isto afectará a disposição das vigas.

- Marcar o espaçamento das juntas nas paredes laterais, identificando claramente as juntas no final de cada folha.

- Os bordos dos toldos devem cair no centro de uma joia.

- Cortar o número necessário de vigas à medida.

- Posicionar as vigas de forma centralizada sobre as linhas de marcação.

Se se utilizar cofragem para revestimento, é importante evitar danificar os bordos das folhas.

- Ao selar os bordos das folhas, evita-se o inchaço.

- Colocar a primeira fila de folhas direita e quadrada, o que facilitará a montagem das restantes.

- Fixar o revestimento intermédio.

- Pregar as chapas, selar e instalar os acabamentos biselados necessários nos cantos exteriores e interiores.

- Algumas especificações exigem a aplicação de fita de superfície sobre as juntas de topo.

- Verificar se as juntas estão seladas, niveladas e apertadas.

- As intersecções das cofragens de vigas de bordadura são aplainadas.

- As chapas são fixadas conforme especificado.

- As juntas são estanques.

- Quaisquer painéis cortados para acomodar penetrações ou aberturas têm a forma e a dimensão corretas e estão na posição necessária.

- Todas as juntas das folhas são totalmente suportadas.

De acordo com Williams (sem data), as tarefas a realizar antes de o betão ser lançado incluem

- Limpar o terraço de todos os detritos;

- Marcação para reforço;

- Aplicar um agente de libertação ao revestimento;

- Verificar a documentação do local e com os subcontratantes para acomodar mangas, penetrações e condutas para serviços;

- Fixar o aço de reforço de acordo com os pormenores estruturais;

- É necessária uma limpeza e inspeção finais.

De acordo com a NBTE (2012), as seguintes competências são essenciais para o ensino da cofragem a estudantes de escolas técnicas:

- Respeitar as precauções de segurança necessárias quando se trabalha com formas

- Esboçar ou desenhar pormenores de construção de cofragens para vigas, pavimentos, tectos e lintéis

- Construir vários tipos de cofragem sem erros

- Estabelecer perfis geométricos de cofragens para pilares e paredes, cofragens suspensas para pavimentos e coberturas

- Construir corretamente as vigas do chão e do teto

- Construir andaimes de madeira e de metal até 6 metros de altura

- Montar andaimes de madeira e metálicos de várias alturas

- Manter o andaime em boas condições de funcionamento

- Utilizar um esboço para ilustrar a parte do andaime e as suas funções

- Aplicar todas as normas de segurança em vigor na construção

- Construir um degrau e uma escada em madeira

- Selecionar e utilizar a madeira nigeriana adequada para a cofragem

- Determinar as dimensões dos andaimes

- Determinar o tamanho da madeira utilizada para o degrau e a escada

- Aplicar todas as normas de segurança em vigor na montagem, manutenção e utilização de andaimes

- Construir cofragens para, pelo menos, dois dos elementos de betão

- Descobrir a cofragem para, pelo menos, dois dos betões

- Cumprir os requisitos para a construção de cofragens adequadas

- Demonstrar o procedimento de construção de cofragens

- Construir corretamente o lintel e a parede

As competências técnicas em matéria de cofragem são necessárias para os professores de carpintaria e de joalharia. Tal permitirá melhorar o seu desempenho pedagógico.

**Competências Técnicas Necessárias aos Professores de Carpintaria e Marcenaria em Armação**

O enquadramento, na construção conhecida como construção de estrutura ligeira, é uma técnica de construção baseada em elementos estruturais verticais, normalmente designados por vigas, que proporcionam uma estrutura estável à qual são fixados os revestimentos das paredes interiores e exteriores, e cobertos por um telhado constituído por vigas horizontais do teto e vigas inclinadas (ou treliças pré-fabricadas do telhado (LeRoy, 1992). As estruturas modernas de estrutura ligeira são geralmente reforçadas por painéis rígidos (contraplacado e outros materiais compósitos semelhantes ao contraplacado, como o oriented strand board (OSB), utilizados para formar a totalidade ou parte das secções das paredes), mas até há pouco tempo os carpinteiros utilizavam várias formas de contraventamento diagonal (designadas por *contraventamentos)* para estabilizar as paredes. O contraventamento diagonal continua a ser uma parte interior vital de muitos sistemas de telhado, e os contraventamentos na parede são exigidos pelos códigos de construção em muitos municípios. A construção de estruturas ligeiras utilizando madeira dimensional normalizada tornou-se o método de construção dominante nos últimos tempos. A utilização de materiais estruturais mínimos permite que os construtores fechem uma grande área com um custo mínimo, ao mesmo tempo que conseguem uma grande variedade de estilos arquitectónicos. A omnipresente estrutura em plataforma e a antiga estrutura em balão são os dois sistemas diferentes de construção de estruturas ligeiras utilizados atualmente.

O enquadramento de paredes na construção de habitações inclui os elementos verticais e horizontais das paredes exteriores e das divisórias interiores, tanto das paredes estruturais como das paredes não estruturais. Estes elementos de suporte, designados por vigas, placas de parede e lintéis (cabeçalhos), servem de base de pregagem para todo o material de revestimento e suportam as plataformas do piso superior, que fornecem a resistência lateral ao longo de uma parede. As plataformas podem ser a estrutura em caixão de um teto e telhado, ou o teto e as vigas do piso do andar acima. Esta técnica é designada coloquialmente no sector da construção como "stick and frame", "stick and platform" ou "stick and box", uma vez que as varas (vigas) dão à estrutura o seu apoio vertical e as secções do pavimento em forma de caixa com vigas contidas em postes e lintéis compridos (mais vulgarmente designados por "headers") suportam o peso do que está por cima, incluindo a parede seguinte e o telhado acima do piso superior (Woodward, 2005). O estrado também fornece o apoio lateral contra o vento e mantém as paredes de pau a pique alinhadas e quadradas. Qualquer plataforma inferior suporta o peso das plataformas e das paredes acima do nível dos seus componentes e vigas. A construção em estrutura é uma técnica de construção que envolve a construção de uma estrutura de apoio de vigas, vigas e caibros e a fixação de tudo o resto a esta estrutura. Este estilo de construção pode ser realizado muito rapidamente com uma equipa qualificada e é extremamente comum em todo o mundo. A maior parte das casas de madeira, por exemplo, é feita com a construção em estrutura. O processo de construção de uma estrutura começa com a construção de uma soleira no chão, estando a soleira ligada a uma fundação. As vigas compridas são fixadas à soleira em intervalos definidos para criar uma rede que pode ser ligada às vigas e caibros que constituem o telhado ou andares adicionais. A estrutura pode ser suportada adicionalmente com contraventamentos cruzados e outras técnicas. Essencialmente, a construção da estrutura cria um esqueleto e uma equipa rápida pode estruturar uma casa em apenas alguns dias. Quando a estrutura estiver concluída, podem ser acrescentadas paredes e outros elementos. A estrutura torna-se progressivamente mais estável à medida que são acrescentados pavimentos e paredes rígidos, criando apoio e resistência adicionais aos elementos (Miller, 1996). Dentro da estrutura, os construtores podem distinguir entre paredes estruturais críticas, que fornecem apoio para manter o edifício seguro, e divisórias que podem ser utilizadas para dividir e alterar a forma de vários espaços dentro da estrutura para fins utilitários.

A construção de estrutura em plataforma, na qual uma estrutura é construída piso a piso, é o tipo mais comum de construção de estrutura. Alguns edifícios mais antigos utilizam a construção de estrutura em balão, em que as vigas longas vão desde a soleira até à placa superior, que se encontra com o telhado, independentemente da altura do edifício. Por razões práticas, a construção com estrutura em balão está normalmente limitada a dois ou três pisos e é pouco frequente em estruturas novas, devido a problemas de disponibilidade de madeira. Classicamente, a construção em estrutura é efectuada com madeira, que tem de ser cuidadosamente cortada e manuseada para garantir a manutenção da integridade da estrutura. A madeira que não tenha sido curada corretamente, por exemplo, desenvolverá deformações e torções que podem desalinhar a estrutura. As vigas metálicas também podem ser utilizadas na construção de estruturas e podem reduzir significativamente os custos em áreas onde a madeira é cara. Existem alguns problemas com a construção de estruturas que devem ser abordados cuidadosamente pelos construtores (Ching e Francis, 1995). Um dos maiores problemas é que os espaços entre as vigas e as paredes podem ser condutas ideais para o fogo, permitindo que o fogo passe rapidamente de um piso para outro. Este tipo de construção é também vulnerável ao apodrecimento e a outros tipos de danos. Embora as vigas sejam concebidas para serem redundantes, de modo a que a estrutura possa manter-se de pé se uma delas falhar, a falha de várias vigas vizinhas pode ser catastrófica.

A madeira para construção deve ser de qualidade e ter um teor de humidade não superior a 19%. De acordo com Sherwood (2009), existem três métodos historicamente comuns para construir uma casa:

- Post and Beam, que é atualmente utilizado predominantemente na construção de bam.

- A estrutura em balão, que utiliza uma técnica que suspende os pavimentos das paredes, era comum até ao final dos anos 40, mas desde essa altura que a estrutura em plataforma se tornou a forma predominante de construção de casas.[3]

- A estrutura de plataforma forma frequentemente secções de parede horizontalmente no subpavimento antes da montagem, facilitando o posicionamento das vigas e aumentando a precisão, ao mesmo tempo que reduz a mão de obra necessária. As placas superior e inferior são cravadas em cada perno com dois pregos de pelo menos 83 mm

*(3,25 pol.)* de comprimento *(pregos 16d ou 16penny).* As cavilhas são, pelo menos, duplicadas (criando postes) nas aberturas, sendo a cavilha do macaco cortada para receber os lintéis (cabeçalhos) que são colocados e cravados na extremidade através das cavilhas exteriores.

O revestimento da parede, normalmente em contraplacado ou outro laminado, é geralmente aplicado à estrutura antes da montagem, eliminando assim a necessidade de andaimes e aumentando novamente a velocidade e reduzindo as necessidades de mão de obra e as despesas. Alguns tipos de revestimento exterior, tais como o painel de fibras impregnado de asfalto, o contraplacado, o painel de partículas orientadas e o painel de partículas, proporcionam um reforço adequado para resistir às cargas laterais e manter a parede direita. (Os códigos de construção na maioria das jurisdições exigem um revestimento rígido de contraplacado.) Outros, como a fibra de vidro rígida, o painel de fibras revestido a asfalto, o poliestireno ou o painel de poliuretano, não o farão. Neste último caso, a parede deve ser reforçada com um reforço diagonal de madeira ou metal inserido nas vigas.

Em jurisdições sujeitas a fortes tempestades de vento (países com furacões, becos de tornados), os códigos locais ou a legislação estatal exigirão geralmente tanto os contraventamentos diagonais como o revestimento exterior rígido, independentemente do tipo e do tipo de revestimentos exteriores resistentes às intempéries.

K Oide (1997) afirmou que os seguintes elementos são úteis para o enquadramento:

• Uma casa média de 1.800 pés quadrados demorará entre 2 a 3 semanas a ser enquadrada, dependendo da complexidade do projeto e do número de enquadradores no trabalho.

• Quando o enquadramento estiver concluído, o projeto estará 35-40% concluído.

• O preço da armação é geralmente calculado em função do metro quadrado e da complexidade da estrutura.

Os telhados íngremes, as ancas e os vales aumentam o custo do enquadramento, que é geralmente calculado ao metro quadrado.

- O custo da casa é geralmente calculado por metro quadrado.

- Molduras de madeira

- O enquadramento é uma das fases mais emocionantes do processo de construção. Durante a fase de montagem da estrutura, vê-se a casa a tomar forma. A maioria das pessoas fica muito entusiasmada quando o enquadramento está concluído, pensando que a casa está quase construída. Na realidade, a casa está apenas cerca de um terço concluída.

- O enquadramento deve ser exato. Se o enquadramento for de má qualidade, a parede de gesso não ficará plana, o chão rangerá e as portas não fecharão corretamente. O trabalho do empreiteiro geral consiste em garantir que os técnicos de caixilharia seguem os planos e o código de construção.

- Na estrutura de plataforma tradicional, uma plataforma ou piso é construída sobre a fundação. A estrutura é aparafusada à fundação com parafusos de ancoragem e cintas de fixação. As paredes são colocadas em cima das vigas do chão, seguidas das treliças do telhado. Tradicionalmente, as vigas do chão são feitas de tábuas 2x8 - 2x12. No entanto, atualmente, a melhor escolha para as vigas de soalho são as vigas compostas em "I". São amigas do ambiente, utilizando até menos 60 por cento de madeira do que uma viga de madeira maciça e são mais rectas, mais fortes e mais leves do que as vigas de pavimento tradicionais.

- A sub-base feita de OSB ou contraplacado de 3/4 de polegada é fixada às vigas com pregos e cola para evitar rangidos mais tarde. Recomenda-se vivamente a utilização de parafusos em vez de pregos. As paredes são construídas com vigas 2x4 (as paredes exteriores 2x6 são uma opção). As paredes são formadas por pregos, placas superiores e inferiores, aparadores de cabeçalhos e cripples (clique no gráfico acima). O interior das paredes será revestido com gesso cartonado e as paredes exteriores com revestimento de 7/16 polegadas (OSB ou contraplacado).

Inspeção do enquadramento:

• Medir as dimensões exteriores da casa.

• Meça as dimensões de cada divisão e verifique se cada janela e porta têm o tamanho e a localização corretos. Verifique o padrão de pregos no revestimento exterior.

• Verificar o pavimento quanto a padrões de cola e pregos.

• Verificar se a saliência do beiral do telhado é adequada.

• Visão ao longo das paredes; marcar as vigas tortas com tinta fluorescente.

• Verificar a existência de pregadores. Quando as paredes correm paralelamente às treliças ou às vigas do teto, são necessários pregos.

• Peça ao empreiteiro que verifique novamente se os pregos estão instalados.

• Observe os desenhos de alçados nos planos e compare-os com a casa. Parece-se com os planos? Há alguma coisa que pareça errada?

Gestão da construção

1. Visite o sítio diariamente para verificar o progresso.

2. Estar disponível por telefone durante o horário de expediente, uma vez que surgem sempre questões.

3. Efetuar inspecções e controlos de qualidade frequentes durante o projeto.

4. Coordenar a entrega dos materiais e, sobretudo, das treliças.

5. Mandar entregar um contentor de lixo antes da montagem da estrutura.

O enquadramento de paredes na construção de habitações inclui os elementos verticais e horizontais das paredes exteriores e divisórias interiores. Estes elementos, designados por vigas, placas de parede e lintéis, servem de base de pregagem para todo o material de revestimento e suportam os pisos superiores, o teto e o telhado. As vigas das paredes exteriores são os elementos verticais aos quais são fixados o revestimento e o revestimento das paredes. São suportadas por uma placa inferior ou soleira de fundação e, por sua vez, suportam a placa superior. As vigas consistem normalmente em madeira de 1,5 pol. x 3,5 pol. (38 mm x 89 mm) ou madeira de 1,5 pol. x 5,5 pol. (38 mm x 140 mm) e estão normalmente espaçadas a 16 pol. (410 mm). Este espaçamento pode ser alterado para 12 pol. (300 mm) ou 24 pol. (610 mm) no centro, consoante a carga e as limitações impostas pelo tipo e espessura do revestimento de parede utilizado. Podem ser utilizadas vigas mais largas de 1,5 pol. x 5,5 pol. (38 mm x 140 mm) para proporcionar espaço para mais isolamento. O isolamento para além do que pode ser acomodado num espaço de vigas de 89 mm (3,5 pol.) também pode ser fornecido por outros meios, tais como isolamento rígido ou semirrígido ou tacos entre tiras de revestimento horizontais de 38 mm x 38 mm (1,5 pol. x 1,5 pol.), ou revestimento de isolamento rígido ou semirrígido no exterior das vigas. As cavilhas são fixadas a placas de parede horizontais superiores e inferiores de madeira de 1,5 pol. (38 mm) com a mesma largura das cavilhas.

As divisórias interiores que suportam cargas no pavimento, no teto ou no telhado são designadas por paredes estruturais; as outras são designadas por divisórias não estruturais ou simplesmente divisórias. As paredes interiores estruturais são enquadradas da mesma forma que as paredes exteriores (LeRoy, 1992). As vigas são geralmente de madeira de 38 mm x 89 mm (1,5 pol. x 3,5 pol.) espaçadas de 410 mm (16 pol.). Este espaçamento pode ser alterado para 12 pol. (300 mm) ou 24 pol. (610 mm) consoante as cargas suportadas e o tipo e espessura do acabamento da parede utilizado. As divisórias podem ser construídas com vigas de 1,5 pol. x 2,5 pol. (38 mm x 63 mm) ou de 1,5 pol. x 3,5 pol. (38 mm x 89 mm) espaçadas a 16 ou 24 pol. (400 ou 600 mm) de centro, consoante o tipo e a espessura do acabamento da parede utilizado. Quando uma divisória não contém uma porta de batente, são por vezes utilizadas cavilhas de 1,5 pol. x 3,5 pol. (38 mm x 89 mm) a 16 pol. (410 mm) de centro, com a face larga da cavilha paralela à parede. Isto é normalmente feito apenas para divisórias que encerram armários de roupa ou armários para poupar espaço. Uma vez que não existe carga vertical a ser suportada pelas divisórias, podem ser utilizadas vigas simples nas aberturas das portas. Sherwood Moody (2009) explicou que a parte superior da abertura pode ser coberta com uma única peça de madeira de 1,5 pol. (38 mm) com a mesma largura que as vigas. Estes elementos fornecem um suporte para pregar o acabamento da parede, os caixilhos das portas e as guarnições.

Os lintéis (ou cabeçalhos) são os elementos horizontais colocados sobre as aberturas de janelas, portas e outras aberturas para transportar cargas para as vigas adjacentes. Os lintéis são geralmente construídos com duas peças de madeira serrada de 2 pol. (nominal) (38 mm) separadas por espaçadores à largura das vigas e pregadas entre si para formar uma única unidade. O material espaçador preferível é o isolamento rígido. A profundidade de um lintel é determinada pela largura da abertura e pelas cargas verticais suportadas.

As secções completas da parede são então levantadas e colocadas no lugar, são adicionados contraventamentos temporários e as placas inferiores são pregadas através do subpavimento aos elementos de enquadramento do pavimento (Kumaran, Mukhopadhyaya, *e* Comick 2003). Os contraventamentos devem ter a sua maior dimensão na vertical e devem permitir o ajuste da posição vertical da parede. Depois de as secções montadas estarem prumadas, são pregadas nos cantos e nas intersecções. Uma tira de polietileno é muitas vezes colocada entre as paredes interiores e a parede exterior, e por cima da primeira placa de topo das paredes interiores, antes da aplicação da segunda placa de topo, para obter a continuidade da barreira de ar quando o polietileno está a cumprir esta função. Uma segunda placa de topo, com juntas deslocadas pelo menos um espaço de vigas para longe das juntas da placa por baixo, é então adicionada. Esta segunda placa de topo geralmente cobre a primeira placa nos cantos e nas intersecções das divisórias e, quando pregada no lugar, fornece uma ligação adicional às paredes com estrutura. Quando a segunda placa superior não cobre a placa imediatamente por baixo nas intersecções dos cantos e das divisórias, estas podem ser ligadas com placas de aço galvanizado de 0,036 pol. (0,91 mm) com pelo menos 3 pol. (76 mm) de largura e 6 pol. (150 mm) de comprimento, pregadas com pelo menos três pregos de 2,5 pol. (64 mm) em cada parede.

A estrutura em balão é um método de construção em madeira - também conhecido como "construção Chicago " no século XIX. Utiliza elementos longos e contínuos (vigas) que vão desde a placa de soleira até à placa superior, com estruturas intermédias de pisos inseridas e pregadas a estas (Sherwood, 2009). Neste caso, as alturas dos peitoris das janelas, dos capitéis e a altura do piso seguinte seriam marcadas nas vigas com uma vara de andares

O balloon framing tem várias desvantagens como método de construção:

1. A criação de um caminho para que o fogo se desloque facilmente de piso a piso. Esta situação é atenuada pela utilização de corta-fogos em cada piso.

2. A ausência de uma plataforma de trabalho para os trabalhos nos andares superiores. Enquanto que os trabalhadores podem alcançar facilmente o topo das paredes que estão a ser erguidas com uma estrutura de plataforma, a construção em balão requer andaimes para alcançar o topo das paredes (que estão frequentemente dois ou três andares acima da plataforma de trabalho).

3. A exigência de elementos de enquadramento longos.

4. Em certos edifícios de maiores dimensões, nota-se uma inclinação descendente dos pisos em direção às paredes centrais, causada pelo encolhimento diferencial dos

elementos de estrutura de madeira no perímetro em relação às paredes centrais. Os edifícios maiores com estrutura em balão terão paredes centrais de suporte que são, na realidade, estruturas de plataforma e, por conseguinte, terão soleiras horizontais e placas superiores em cada nível de piso, mais as vigas de piso intermédias, nestas paredes centrais. A madeira contrai-se muito mais ao longo do seu veio do que ao longo do veio. Por conseguinte, a contração acumulada no centro de um edifício deste tipo é consideravelmente maior do que a contração no perímetro, onde existem muito menos elementos horizontais. Naturalmente, este problema, ao contrário dos três primeiros, leva tempo a desenvolver-se e a tornar-se percetível.

5. Os edifícios actuais com estrutura em balão têm frequentemente custos de aquecimento mais elevados, devido à falta de isolamento que separa uma divisão das suas paredes exteriores. No entanto, isto pode ser remediado através da adição de isolamento, como em qualquer outro edifício com estrutura.

Uma vez que o aço é geralmente mais resistente ao fogo do que a madeira e que os membros da estrutura de aço podem ser fabricados em comprimentos arbitrários, a estrutura em balão está novamente a ganhar popularidade na construção de vigas de aço de calibre leve. A estrutura em balão proporciona um percurso de carga mais direto até à fundação. Além disso, a estrutura em balão permite uma maior flexibilidade para os comerciantes, na medida em que é significativamente mais fácil puxar fios, tubagens e condutas sem ter de perfurar ou trabalhar à volta dos membros da estrutura.

Na linguagem do construtor, a estrutura de plataforma pode também ser designada (apenas parcialmente de forma correta) por "estrutura de vara" ou "construção de vara", uma vez que cada elemento é construído vara a vara, o que também era verdade no outro método de estrutura de vara, o método obsoleto e trabalhoso, mas anteriormente em voga, de estrutura de balão, em que as paredes exteriores eram erguidas, os cabeçalhos pendurados e, em seguida, as vigas do chão eram inseridas numa caixa feita de paredes.

Em contraste, no método de estruturação em plataforma, uma caixa de pavimento e as vigas que constituem a plataforma são construídas e colocadas numa estrutura inferior de suporte (placas de soleira, cabeceiras ou vigas), onde assentam de forma plana e são fixadas contra o levantamento pelo vento com cintas de metal galvanizado. Uma vez que a plataforma do piso em caixa é quadrada, nivelada e fixada, a sub-base, as paredes, os tectos e o telhado são construídos sobre e acima dessa plataforma inicial, o que pode ser repetido piso a piso, "sem os atrasos e os perigos de fixar e nivelar as vigas de serração bruta de um novo piso junto às paredes a partir de escadas que se estendem por um ou até dois andares.

Geralmente, o pavimento ("plataforma") é construído e, em seguida, as paredes são construídas sobre essa camada, depois outra sobre essa, e assim sucessivamente, o que permite metodologias de construção rápidas e eficientes que poupam mão de obra e que se tornaram ainda mais rápidas à medida que foram desenvolvidas tecnologias como os suportes de vigas para acelerar e melhorar a tecnologia (Mara Bateman, 2008). Os métodos e as técnicas tornaram-se tão comuns e generalizados que até os arranha-céus utilizam uma forma modificada de técnicas de estruturação de plataformas e, de facto, as mesmas ferramentas e tecnologias, uma vez que a construção constrói o esqueleto estrutural inicial. Uma vez assente o piso da plataforma, a equipa de construção pode, com linha de giz, régua e lápis, transferir diretamente um esboço das paredes exteriores e interiores, das suas aberturas e localizações relativas, com facilidade e precisão, a partir dos planos ou plantas dos construtores.

Enquanto o grupo de topógrafos estabelece as anotações e as linhas de giz, uma equipa de carpinteiros pode seguir atrás e colocar "placas de fundo" de 2x4 e prendê-las à caixa do chão. As placas de parede mais altas são cortadas apenas com as dimensões exteriores das paredes. A colocação de duas outras placas de dois por quatro contra estas placas de fundo cortadas à medida e fixadas permite que a equipa regule as três com esquadro e disponha as cavilhas, as cavilhas de aleijão e as aberturas para essa parede específica (Lee e Jesberger, 2007). As duas vigas soltas são então rapidamente viradas para a extremidade depois de as aberturas serem cortadas, e as vigas são adicionadas às marcas com pregagens rápidas e fiáveis através das respectivas placas superior e inferior. Alguns minutos mais tarde, toda a secção da parede pode ser levantada e alinhada no local e escorada para posterior aplicação das placas superiores e das paredes adjacentes. O método oferece aos construtores opções e flexibilidade, como por exemplo, quando e onde houver uma abertura ao nível do chão (porta), a secção seguinte da parede pode ser alinhada e fixada no lugar separadamente, com a placa superior adicionada e depois utilizada, e em seguida um lintel e uma estrutura de cravação, ou toda a parede pode ter sido cortada e unida no topo ao longo de todo o processo e levantada como uma entidade única. No final, as paredes exteriores são prumadas e fixadas em conjunto com "cantos reforçados configurados em Ell" que fornecem madeira para pregar nos ângulos interiores e resistência ao edifício, formando, de facto, postes largos em cada canto e fixados por último por chapas de topo sobrepostas que escalonam as suas juntas a partir das que rematam cada chapa, através das quais as vigas são pregadas nas extremidades. Cada parede, de cima para baixo, termina com uma placa dupla, cavilhas e uma placa dupla, onde estruturalmente as placas duplas distribuem o peso do telhado e a carga pelas cavilhas da parede, até à fundação. De um modo geral, a estrutura emoldurada assenta (mais frequentemente) sobre uma fundação de betão, sobre uma "soleira" ou "viga" de madeira tratada sob pressão (Michael, 2012). Quando em betão, a placa de soleira é ancorada, normalmente com parafusos "J" (embutidos), no substrato de betão da parede da fundação. Geralmente, estas placas devem ser tratadas sob pressão para evitar que apodreçam devido à humidade de condensação. De acordo com várias normas, a parte inferior da placa de soleira está localizada a um mínimo de 6 polegadas (150 mm) acima do nível acabado pelo projeto da fundação, de acordo com as práticas normais dos construtores e, frequentemente, mais dependente dos códigos de construção dos códigos de construção locais da jurisdição relevante. Na América do Norte, os códigos de construção podem diferir não só de estado para estado, mas também de cidade para cidade, aplicando-se sempre a especificação mais rigorosa. Esta distância, juntamente com as saliências do telhado e outros factores do sistema, é mais frequentemente selecionada para evitar o apodrecimento da placa de soleira (devido à invasão de água salpicada), bem como para proporcionar uma barreira contra térmitas. Esta última é particularmente (mais ou menos) importante do que as considerações anti-apodrecimento, dependendo da localização geográfica.

Os métodos de estrutura ligeira permitem a construção fácil de designs de telhado únicos. Telhados de anca, que se inclinam para as paredes em todos os lados e são unidos por vigas de anca que se estendem desde os cantos até à cumeeira. Os vales são formados quando duas secções inclinadas do telhado drenam uma para a outra. As águas-furtadas são pequenas áreas em que as paredes verticais interrompem uma linha de telhado e que são rematadas por inclinações geralmente perpendiculares a uma secção principal do telhado. As empenas são formadas quando uma secção longitudinal de telhado inclinado termina para formar uma secção de parede triangular.

Os clerestórios são formados por uma interrupção ao longo da inclinâo de um telhado, onde uma parede vertical curta o liga a outra secção do telhado. Os telhados planos, que normalmente incluem pelo menos uma inclinação nominal para escoar a água, são frequentemente rodeados por parapeitos com aberturas (chamadas embornais) para permitir o escoamento da água. Os telhados inclinados são construídos para desviar a água de áreas de má drenagem, como por exemplo atrás de uma chaminé na parte inferior de uma secção inclinada.

Os materiais da estrutura ligeira são, na maioria das vezes, madeira ou tubos de aço rectangulares ou canais em C. Miller e Donald (1996) explicaram que as peças de madeira são normalmente ligadas com pregos ou parafusos; as peças de aço são ligadas com porcas e parafusos. As espécies preferidas para os elementos estruturais lineares são as madeiras macias, como o abeto, o pinheiro e o abeto. As dimensões do material da estrutura ligeira variam entre 38 mm por 89 mm (1,5 pol. por 3,5 pol.; ou seja, dois por quatro) e 5 cm por 30 cm (dois por doze polegadas) na secção transversal, e os comprimentos variam entre 2,5 m (8,2 pés) para paredes e 7 m (23 pés) ou mais para vigas e caibros. Recentemente, os arquitectos começaram a fazer experiências com estruturas modulares de alumínio pré-cortadas para reduzir os custos de construção no local. Os painéis de parede construídos com vigas são interrompidos por secções que proporcionam aberturas para portas e janelas. As aberturas são normalmente cobertas por um cabeçalho ou lintel que suporta o peso da estrutura acima da abertura. Os cabeçalhos são normalmente construídos para se apoiarem em aparadores, também designados por macacos. As áreas em redor das janelas são definidas por um peitoril por baixo da janela e por travessas, que são vigas mais curtas que abrangem a área desde a placa inferior até ao peitoril e, por vezes, desde o topo da janela até a uma plataforma, ou desde uma plataforma até a uma placa superior. Matthias Dupke (2010) explicou que os contraventamentos diagonais feitos de madeira ou aço proporcionam cisalhamento (resistência horizontal), assim como os painéis de chapas pregados às vigas, peitoris e capitéis.

As secções de parede incluem normalmente uma placa inferior que é fixada à estrutura de um pavimento e uma ou, mais frequentemente, duas placas superiores que unem as paredes e fornecem um suporte para as estruturas acima da parede. As estruturas de madeira ou de aço para pavimentos incluem normalmente uma viga de borda à volta do perímetro de um sistema de vigas de pavimento e incluem frequentemente material de ligação perto do centro de um vão para evitar a encurvadura lateral dos membros do vão. Na construção de dois pisos, são deixadas aberturas no sistema de pavimento para uma escadaria, na qual os degraus e os patamares da escada são mais frequentemente fixados a faces quadradas cortadas em longarinas de escada inclinadas. Woodward (1998) explicou que os revestimentos de paredes interiores em construções de estrutura ligeira incluem normalmente painéis de parede, ripas e gesso ou painéis de madeira decorativos. Os acabamentos exteriores para paredes e tectos incluem frequentemente contraplacado ou revestimento composto, tijolo ou pedra e vários acabamentos em estuque. As cavidades entre as vigas, geralmente colocadas a 40-60 cm de distância, são normalmente preenchidas com materiais de isolamento, como fibra de vidro ou enchimento de celulose, por vezes feito de papel de jornal reciclado tratado com aditivos de boro para prevenção de incêndios e controlo de parasitas.

Na construção natural, podem ser utilizados fardos de palha, calhaus e adobe para as paredes exteriores e interiores. A parte de um edifício estrutural que atravessa diagonalmente uma parede é designada por barra em T- . Esta barra impede que as paredes se desmoronem com as rajadas de vento. Os edifícios de estrutura leve são frequentemente construídos sobre fundações monolíticas de lajes de betão que servem simultaneamente de pavimento e de suporte da estrutura. Outros edifícios de estrutura ligeira são construídos sobre um espaço de rastejamento ou uma cave, com vigas de madeira ou de aço utilizadas para se estenderem entre as paredes da fundação, normalmente construídas com betão vazado ou blocos de betão. Os componentes de engenharia são normalmente utilizados para formar estruturas de piso, teto e telhado em vez de madeira maciça. As vigas em I (treliças de trama fechada) são frequentemente fabricadas a partir de madeiras laminadas, na maioria das vezes madeira de choupo lascada, em painéis tão finos como 1 cm (0,4 pol.), colados entre elementos laminados horizontalmente com menos de 4 cm por 4 cm *(dois por dois)*, para vencer distâncias de até 9 m (30 pés). As vigas treliçadas de trama aberta e os caibros são muitas vezes formados por elementos de madeira de 4 cm por 9 cm *(dois por quatro)* para dar suporte a pavimentos, sistemas de cobertura e acabamentos de tectos. De acordo com a NBTE (2007), as competências técnicas no domínio do enquadramento incluem o seguinte

- Respeitar as medidas de segurança necessárias para os trabalhos de caixilharia

- Desenhar diagramas de linhas dos quatro tipos de pavimentos

- Classificar os pavimentos em vários grupos

- Selecionar os materiais e ferramentas adequados para os trabalhos de caixilharia

- Preparar corretamente as vigas do pavimento

- Colocar as vigas do pavimento/plataforma de acordo com as especificações

- Fixar as escoras às vigas do chão ou da plataforma

- Aparar as aberturas no chão para receber escadas, alçapões e portas

- Fixar corretamente o pavimento à junta ou ao contrapiso

- Demonstrar os métodos de corte da abertura do pavimento

- Aplicar um acabamento adequado com verniz, polimento ou ladrilhos de PVC

- Utilizar um esboço para explicar o método de construção das juntas na colocação de tábuas de soalho

- Custear corretamente o pavimento de um projeto típico

- Selecionar a madeira e outros materiais adequados para a construção de divisórias

- Instalação e acabamento de caixilhos de portas e janelas e de portas de correr.

- Aplicar as precauções de segurança adequadas ao efetuar a instalação

- Preparar os materiais ou componentes dos elementos das asnas de telhado

- Erguer uma treliça de telhado para suportar os revestimentos do telhado

- Construir uma treliça de telhado para suportar os revestimentos do telhado

- Esboço de pormenores dos elementos de disposição do teto no beiral de um telhado inclinado

- Construir um revestimento de teto e uma bateria

- Instalar um revestimento de teto e ripas

- Aparar aberturas num teto e fazer os acabamentos necessários

- Desenhar a planta e o alçado de uma janela de batente, incluindo os pormenores

- Recortar e preparar os mensageiros do aro, do batente e das contas

- Colocar e manusear o batente

As competências técnicas de enquadramento acima referidas podem ser utilizadas para melhorar os professores sempre que necessário.

**Necessidade de Competências Técnicas dos Professores de Carpintaria e Marcenaria no Processamento da Madeira**

O processamento da madeira é uma disciplina de engenharia que inclui a produção de produtos florestais, tais como pasta e papel, materiais de construção e tall oil. O processamento da madeira produz aditivos para o processamento posterior de madeira, aparas de madeira, celulose e outros materiais pré-fabricados (Matthias Dupke, 2010). NBTE (2012) delineou o seguinte como competências técnicas no processamento de madeira são:

- Observar as precauções de segurança necessárias durante o tratamento da madeira

- Identificar as ferramentas e o equipamento necessários para a transformação da madeira

- Adotar os procedimentos necessários para a preparação da madeira plana e esquadriada

- Aplicar corretamente as ferramentas e o equipamento de transformação da madeira

- Respeitar os requisitos básicos de uma boa articulação

- Preparar a madeira plana e esquadriada de acordo com as especificações

- Preparar corretamente as juntas da caixa do automóvel

- Construir corretamente vários tipos de juntas

- Colocar e fixar corretamente vários tipos de dispositivos de fixação

- Efetuar corretamente as juntas de alongamento ou de extremidade

- Utilizar vários tipos de dispositivos de fixação

- Preparar corretamente as juntas de alargamento ou de rebordo

- Demonstrar o procedimento para efetuar a construção das juntas

- Fixar vários tipos de portas

- Cortar formas irregulares, como dardos, encaixes e espigas, utilizando ferramentas manuais eléctricas portáteis

- Efetuar operações de perfuração e de encaixe com berbequins portáteis

- Efetuar operações de acabamento com lixadeiras de acabamento

- Montar e desmontar corretamente a lâmina de serra

- Fixar corretamente a faca de corte

- Ajustar corretamente a faca separadora

**Necessidades de Competências Técnicas dos Professores de Carpintaria e Marcenaria na Maquinação de Madeira**

A maquinagem da madeira (Snipe), no trabalho da madeira, é um corte visivelmente mais profundo na extremidade dianteira e/ou traseira de uma tábua depois de ter passado por uma plaina de espessura ou por uma jointer. A sua causa, numa carpintaria, é uma mesa de saída demasiado baixa em relação à cabeça de corte, ou numa plaina de espessura, uma regulação desnecessariamente alta dos rolos de cama da mesa de entrada ou uma barra de pressão demasiado alta. O termo tem a sua origem na silvicultura, onde é aplicado a uma superfície inclinada ou a um corte em bisel na extremidade dianteira de um toro para facilitar o arrastamento. Uma máquina para trabalhar madeira é uma máquina que se destina a processar madeira. Estas máquinas são normalmente alimentadas por motores eléctricos e são muito utilizadas no trabalho da madeira. Por vezes, as rectificadoras (para retificar ferramentas para trabalhar madeira) também são consideradas parte das máquinas para trabalhar madeira (Boyi, 2010).

Seguem-se as competências para otimizar a operação de moldagem na carpintaria.

• Reduzir o custo por pé linear de moldagem, utilizando uma cabeça de corte de alta RPM (10.000), que permite manter uma elevada taxa de avanço e um acabamento superficial de qualidade.

• Sistemas precisos de medição de ferramentas ajudarão a garantir a precisão dimensional de um ciclo para o outro.

• Para satisfazer a procura de peças únicas, as medidas das facas personalizadas são introduzidas num moldador computorizado, que depois coloca o fuso na posição correta através do posicionamento motorizado do fuso. A primeira peça produzida é então exacta, sem a produção de paus de ajuste.

• Um calço desalinhado pode resultar num mau acabamento. A sapata deve estar sempre paralela com a placa de base por baixo dela. A quantidade de contacto que a sapata tem com a peça de trabalho também deve ser considerada.

De acordo com o NBTE (2012), as competências técnicas em maquinação de madeira são as seguintes

• Respeitar as precauções de segurança necessárias durante a maquinagem

• Estar bem acordado e alerta quando se trabalha com máquinas para trabalhar madeira

- Selecionar o tamanho e o tipo de ferramentas adequados para o trabalho a realizar

- Iniciar com êxito as máquinas para trabalhar madeira

- Operar máquinas de trabalhar madeira para efetuar várias operações de carpintaria e marcenaria

- Ajustar a lâmina ou o gume de corte antes de qualquer operação na oficina

- Montar a peça de trabalho num torno, pinça ou suporte especial quando se trabalha com cinzéis, serras, etc.

- Manter uma velocidade normal durante o trabalho com as ferramentas para evitar lesões

- Testar o funcionamento da máquina de trabalhar madeira antes de a utilizar

- Fixar as protecções, vedações e outros elementos de proteção das máquinas para trabalhar madeira antes da maquinagem

- Manter uma distância mínima entre a mão e a máquina durante o seu funcionamento

- Utilizar corretamente gabaritos e dispositivos para projectos

- Seguir o procedimento normal de arranque e de paragem quando se opera uma máquina de trabalhar madeira

- Demonstrar métodos corretos de fixação de acessórios

- Manter o resguardo e o dispositivo anti-retrocesso em posição

- Desmontar máquinas/ferramentas que tenham partes amovíveis

- Montar corretamente as ferramentas de carpintaria e de marcenaria que tenham partes amovíveis

- Efetuar a manutenção de rotina das máquinas para trabalhar madeira de acordo com o fabricante

- Aplicar ferramentas manuais eléctricas portáteis para executar tarefas simples de carpintaria e de marcenaria

- Inspecionar todas as máquinas eléctricas portáteis para verificar se têm ligação à terra e fusíveis adequados antes de as utilizar

- Efetuar a manutenção regular de máquinas eléctricas portáteis, quando necessário

- Colocar a fresa na máquina de planeamento

- Utilizar um medidor elétrico para determinar o teor de humidade da madeira

- Demonstrar o funcionamento seguro da máquina de trabalhar madeira

- Utilizar ferramentas adequadas para a instalação e acabamento de portas de correr

- Utilizar ferramentas adequadas para o acabamento de roupeiros embutidos

- Utilizar ferramentas adequadas para instalar a parede de proteção

- Aplicar as ferramentas adequadas para instalar o corrimão da escada

- Aplicar as ferramentas ou máquinas corretas para instalar e acabar prateleiras de balcão e de cozinha.

- Aplicar as ferramentas ou máquinas corretas para terminar as prateleiras dos balcões e da cozinha

- Utilizar as ferragens adequadas para instalar corretamente uma escada pré-fabricada num edifício

- Utilizar ferramentas manuais e mecânicas para produzir componentes de madeira pré-fabricados de acordo com as especificações dadas

- Selecionar ferramentas manuais para produzir componentes de madeira pré-fabricados de acordo com as especificações

- Aplicar ferramentas adequadas para polir ou pintar

- Utilizar as máquinas-ferramentas corretas para construir uma divisória de pernos

- Aplicar ferramentas manuais para fixar a divisória de pernos

- Adotar o processo de maquinagem correto para produzir uma janela de batente pronta a ser instalada

- Aplicar o equipamento de carpintaria correto para produzir uma janela de persiana triangular pronta a ser instalada.

- Utilizar máquinas-ferramentas para produzir um painel de parede com um dado.

- Fixar as ferragens adequadas para pendurar os portões

- Manter uma velocidade normal ao trabalhar com ferramentas e máquinas na oficina

- Preparar e utilizar a máquina para as diferentes operações de serragem de fita.

- Montar e desmontar corretamente a lâmina de serra sobre as rodas

- Produzir e utilizar um gabarito simples para várias operações de serragem de fita

Os professores de carpintaria e de marcenaria precisam de todas estas competências para ensinar eficazmente na sala de aula ou em workshops.

**Necessidade de Competências Técnicas dos Professores de Carpintaria e Marcenaria em AUTOCAD**

O AutoCAD é uma aplicação de software para desenho assistido por computador (CAD) e desenho. O software suporta os formatos 2D e 3D. Antes da introdução do AutoCAD, a maioria dos outros programas CAD funcionava em computadores mainframe ou minicomputadores, com cada operador de CAD (utilizador) a trabalhar num terminal gráfico ou estação de trabalho. O software AutoCAD é agora utilizado numa série de indústrias, por arquitectos, gestores de projectos e engenheiros, entre outras profissões. O AUTOCAD também foi considerado útil no ensino e na aprendizagem. O relatório do Conselho Nacional para o Ensino Técnico (2007) especificou as seguintes competências técnicas envolvidas na utilização do AUTOCAD

• Observar as precauções necessárias para obter um bom desenho

• Ligar corretamente o sistema informático

• Instalar o AUTOCAD num sistema

• Localizar o pacote AUTOCAD no sistema

• Identificar os vários pacotes de desenho assistido por computador em uso

• Identificar as escalas de uso corrente no desenho assistido por computador

• Utilizar o AUTOCAD para conceber os diferentes trabalhos de carpintaria e de joalharia

• Interpretar diferentes desenhos de construção gerados por computador

• Produzir ou elaborar desenhos de trabalho com recurso a desenho assistido por computador

• Elaborar um desenho de base do edifício existente utilizando pacotes de desenho assistido por computador

• Desligar o sistema após a utilização sem cometer qualquer erro

A posse destas competências técnicas permitirá aos professores transmitir os conhecimentos, as aptidões e as atitudes necessárias aos seus alunos durante a formação nas escolas

**Competências profissionais/competências dos professores**

Um professor, na opinião de Biehler e Snowman (1990), é alguém que ajuda os alunos a desenvolver um auto-conceito positivo. Afirmam ainda que o professor é um facilitador, encorajador, ajudante, assistente, colega e amigo dos alunos. Obi (2003) definiu o professor como qualquer pessoa, com ou sem formação para ser professor, empregada pelo governo ou por uma agência governamental para ensinar nas escolas. Ele enumerou as caraterísticas de um professor competente que incluem:

1. Possui conhecimentos sobre a matéria e a pedagogia.

2. Tem conhecimento dos seus alunos.

3. Utiliza adequadamente os meios auxiliares de ensino-aprendizagem.

4. É amigo dos alunos, mas não é amigo de ninguém.

5. Os seus alunos saem-se sempre bem nos exames.

Na opinião de Igbiwu (1999), um professor é um profissional, homem ou mulher, que recebeu formação específica para ensinar no ensino pré-primário, primário, pós-primário, superior e noutras instituições de ensino formais e não formais. Akudolu (1994) afirma que o ensino envolve a criação de actividades que permitem a alguém aprender algo que pode melhorar os seus conhecimentos, competências, atitudes e valores.

As competências profissionais do professor no domínio do ensino serão analisadas nos seguintes subtítulos :

(a) Planeamento da instrução

(b) Implementação da instrução

(c) Avaliação da instrução

(d) Processos de formação

(a) **Planeamento da instrução**

A planificação, na opinião de Odor (1995), é o processo de determinação prévia dos objectivos declarados de um programa, a decisão sobre o curso de ação preferido e as estratégias para os alcançar e a atribuição racional dos recursos disponíveis (humanos, materiais e financeiros) para os cursos de ação selecionados e os objectivos declarados. Montague, Hontsberge e Hoffman (1989) consideraram a planificação da instrução como sendo essencial para um ensino eficaz e um guia para a vida profissional de um professor. Explicaram que a planificação implica refletir sobre o ensino, a fim de tomar decisões sobre o que ensinar e como ensinar. Acrescentaram que quanto mais cuidadosa e minuciosamente um professor planear ou pensar sobre a instrução na aula, melhor será a sua decisão e mais eficaz será a instrução de ensino.

Na opinião de Azikiwe (1995), há muitos métodos que podem ser selecionados na preparação de uma aula. É dever do professor avaliar os métodos que pretende utilizar antes de os utilizar. O professor deve determinar a eficácia ou não do método. De acordo com Brophy e Good (1986), o planeamento da instrução envolve as seguintes etapas;

1. identificar o conteúdo da instrução

2. definição dos objectivos da instrução

3. selecionar os materiais didácticos necessários.

4. ajustar os conteúdos e decompor o esquema de acordo com os níveis de capacidade dos alunos e

5. organizar e gerir eficazmente a sala de aula onde decorrerá o ensino.

Egwunyenga (2000), enumerou 5 fases no processo de planeamento da educação

1. Formulação de objectivos que devem estar em consonância com os objectivos nacionais globais.

2. Elaborar um esboço de alternativas que são utilizadas para transformar a direção dada em objectivos de trabalho.

3. Elaborar o plano e submetê-lo à aprovação

4. execução do plano

5. avaliação do plano para verificar se foi implementado.

Olaitan (2003) afirmou que o aspeto mais importante da planificação da instrução é a seleção e a organização do conteúdo da instrução, dos materiais e das actividades a realizar pelo professor e pelo aluno. Por conseguinte, enumerou os seguintes passos no planeamento da instrução:

1. Determinar a necessidade do conteúdo, que pode fazer parte de um curso ou tópico.

2. Identificar ou declarar o que se pretende que os alunos alcancem no final do curso ou do tópico.

3. Identificar os principais conceitos-chave do curso que devem ser explicados pelos professores e compreendidos pelo aluno durante o ensino.

4. Identificar e selecionar conteúdos relevantes e organizá-los logicamente em termos de objectivos relacionados a atingir.

5. Identificar e selecionar materiais relevantes a utilizar para ensinar os tópicos selecionados e integrá-los no conteúdo.

6. Identificar e selecionar métodos, técnicas e sistemas de apoio relevantes para o ensino de cada área relevante do conteúdo.

7 Identificar a técnica de avaliação adequada para cada área de conteúdo a ser ensinada.

Okon e Anderson (1982) referiram as qualidades profissionais do professor que devem ser tidas em conta no planeamento das instruções. Estas incluem: conhecimento da matéria, domínio do inglês, implementação da experiência de aprendizagem, empenho profissional, relação com o pessoal, sugestões profissionais, planeamento da instrução e gestão das rotinas escolares, interação com os professores, disciplina e distância profissional. Ukoha e Eneogwe (1996) sublinharam que o professor tem de preparar a sua aula antes de a dar e este facto não pode ser comprometido. Com efeito, é difícil ter êxito em qualquer empreendimento se não se planear conscienciosamente o trabalho antes da sua execução. Isto assegurará que o professor dedique algum tempo a pensar no tema da aula, na forma como a vai apresentar à turma e com que recursos, quem e como os vai obter e qual a quantidade necessária.

As informações da literatura sobre planeamento da instrução serão úteis para este estudo, uma vez que ajudarão a identificar as aptidões/competências de planeamento da instrução necessárias aos professores.

**Implementação da instrução**

Como afirma Okwuenu (1996), o professor é um fator-chave na transmissão de conhecimentos válidos à geração mais jovem de cada sociedade, mas não é só isso que o professor faz. Muitas vezes, é apenas associado à transmissão de conhecimentos aos seus alunos. Acrescentou que o seu papel académico, que o coloca em posição de orientar, instruir e monitorizar a aprendizagem, apenas o qualifica como instrutor no meio de muitos outros papéis que fazem dele um professor. De acordo com Okon e Anderson (1982), espera-se que um professor exerça liderança na sala de aula. O tipo de liderança pode variar de acordo com as expectativas da sociedade, a personalidade do professor e a situação local da escola.

Ukoha e Eneogwe (1996) explicaram que, na apresentação da aula, a personalidade do professor contribui para tornar a aula emocionante e interessante. O professor deve amar e gostar de ensinar, deve seguir as reacções dos seus alunos e ter iniciativa, deve lembrar-se de que tem objectivos específicos a atingir, deve estar atento e ser adaptável, deve tentar manter o seu ritmo e evitar apressar a última parte da aula. Na apresentação da aula, afirmaram que a voz do professor deve ser audível para chegar ao aluno do fundo sem necessariamente gritar, não deve ficar parado no mesmo sítio durante toda a aula, deve manter os alunos alerta com perguntas a intervalos, deve terminar a aula com perguntas estimulantes que os possam ocupar até à próxima aula e acrescentaram que um bom professor deve ser engenhoso.

Afirmaram também que o método de ensino demonstrativo é o mais eficaz no ensino de competências e indicaram as vantagens do método demonstrativo:

1. Conservar eficazmente o tempo dos professores e melhorar o ensino.

2. Os alunos utilizam dois dos seus sentidos, a visão e a audição, ao mesmo tempo.

3. Desafia os alunos: se o professor é capaz de o fazer, eu também sou capaz.

4. Favorece o desenvolvimento da imagem mental e do pensamento reflexivo.

5. Essencial para a aquisição de competências de manipulação.

6. Cria interesse entre os alunos e torna a aprendizagem mais concreta.

McNamara (2007) enumerou as actividades envolvidas na implementação da instrução para incluir:

1. Começar uma aula com uma breve revisão da aprendizagem de pré-requisitos anteriores.

2. Começar a aula com uma breve declaração de objectivos.

3. Apresentar novos materiais em pequenos passos com prática em cada objetivo.

4. Dar instruções e explicações claras e pormenorizadas.

5. Proporcionar um elevado nível de prática ativa a todas as crianças

6. Fazer várias perguntas para verificar a compreensão e obter respostas de todas as crianças.

7. Orientar os alunos durante a prática vital.

8. Fornecer feedback e correcções sistemáticas

9. Fornecer instruções e práticas explícitas para o exercício de trabalho sentado e, se necessário, monitorizar os progressos.

Olaitan (2003) enumerou as etapas da instrução:

1. Fazer um resumo da lição anterior para a relacionar com a lição do dia.

2. Teste o comportamento dos alunos ao nível de entrada com perguntas estimulantes de carácter geral.

3. Informar tecnicamente os alunos sobre os objectivos da aula.

4. Apresentar a nova lição passo a passo.

5. Utilizar perguntas estimulantes para orientar as respostas dos alunos durante a instrução.

6. Ouvir atentamente as respostas dos alunos às perguntas e ajudar a corrigir as respostas erradas.

7. Introduzir os materiais de aprendizagem no momento adequado e nos eventos de instrução para ajudar os alunos a compreender a instrução.

8. Avaliar o desempenho à medida que os alunos praticam durante a aula e corrigem os erros.

9. Os alunos devem fazer as correcções e enviar para aprovação.

10.   Fazer uma avaliação final sob a forma de um teste ou de um trabalho que deve ser apresentado por cada aluno.

11.   Dar feedback sobre o teste ou trabalho.

Um professor de agricultura, na opinião de Olaitan e Mama (2001), é o veículo para o desenvolvimento agrícola bem sucedido na escola. Ele tem a responsabilidade exclusiva de transmitir conhecimentos e competências aos alunos no domínio da agricultura. Nwosu (1997) discutiu as qualidades de um professor que lhe permitirão cumprir as suas responsabilidades onerosas como

1. *Respeitabilidade:*

Um professor eficaz deve ser capaz de impor o respeito dos seus subordinados, uma vez que este é crucial para o desempenho do seu papel. Muitas vezes, esse respeito é concedido não só devido ao seu bom relacionamento humano, mas também em reconhecimento das suas qualificações académicas superiores, competência profissional e experiência relevante.

## 2. *Criatividade e inspiração*

O professor deve ter uma mente inquisitiva e criativa para lidar com as mudanças e inspirar os alunos para a excelência. Deve ser capaz de os sacudir do devaneio da inércia, de os libertar de métodos estereotipados que sustentam uma condição de rendimentos decrescentes e de os galvanizar positivamente para que aceitem novas ideias e estratégias.

## 3. *Liderança;*

As caraterísticas de liderança dinâmica são absolutamente necessárias para o supervisor. Ele comanda a obediência às diretivas e promove a liderança nos alunos. Na liderança, ele democratiza as suas estratégias, consciente de que não é um mestre de tarefas, mas um motivador.

## 4. *Capacidade de recurso:*

Esta caraterística torna-se absolutamente necessária quando se espera que o professor esteja à altura de desafios inesperados. Ele deve ser adequadamente dotado para ser capaz de encontrar novas formas de resolver problemas antigos, de encontrar fontes de assistência disponíveis, de sugerir competências e procedimentos alternativos para lidar com os problemas muitas vezes desconcertantes do sistema escolar.

## 5. *Inteligência e capacidade de conhecimento*

A inteligência aguça o sentido de perceção do professor e orienta as suas decisões com base num raciocínio sólido. O conhecimento da constante e da metodologia é também de importância vital de acordo com o princípio de que "ninguém pode dar o que não tem".

Olaitan (2003) afirmou que a instrução curricular é uma responsabilidade maior do professor do que dos especialistas em currículo. Isto exige uma formação rigorosa do professor antes que a implementação possa ser efectiva. Afirmou ainda que é necessário que o professor demonstre eficácia nos seguintes aspectos:

1. Conhecimentos e competências no domínio em causa.

2. Ensino de competências de planeamento e execução.

3. Gestão eficaz da sala de aula.

4. Classificação e conhecimento do resultado sobre os resultados de aprendizagem pretendidos.

A informação da literatura sobre a implementação da instrução guiará o investigador na identificação das necessidades de melhoria das competências técnicas da carpintaria e da joalharia na implementação da instrução.

**Avaliação da instrução**

O meio de obter feedback sobre o nível de compreensão dos estudantes é a avaliação. A avaliação é descrita por Olaitan (2003) como um meio de determinar a eficácia da instrução e o grau de realização dos objectivos de um programa. Explica ainda que é um processo através do qual um professor utiliza determinadas técnicas para descobrir se o aluno compreende claramente o que lhe é ensinado e se os objectivos da instrução são atingidos. Enumerou as actividades de avaliação do ensino, incluindo

1. Verificar se os objectivos de uma aula foram atingidos.

2. Determinar o desempenho dos alunos.

3. Elaboração de testes, exames e fichas de avaliação.

4. Determinar a qualidade ou o nível das perguntas.

Na opinião de Haris (1986), a avaliação é o processo sistemático de julgar o valor, a conveniência, a eficácia ou a adequação de algo de acordo com critérios e objectivos definidos. Segundo ele, toda a avaliação deve envolver três processos fundamentais:

1. Determinar o desempenho dos alunos.

2. Avalia a qualidade e a quantidade do ensino.

3. Verificar em que medida os objectivos desejados foram atingidos.

Harbor-Peters (1999) indicou que os procedimentos a adotar na avaliação da instrução incluem

1 Decidir qual o objetivo do resultado da avaliação

2 Decidir sobre o conteúdo em que a avaliação se deve basear

3 Decidir sobre o formato do instrumento de avaliação

4 Decidir sobre a condição administrativa do instrumento

5 Formular o procedimento de classificação e interpretação dos resultados

Na opinião de Ughamadu (1991), a planificação é necessária para a construção de um teste, pois permitirá ao professor assegurar que o teste abranja os objectivos de ensino pré-especificados e os tópicos/subtópicos da disciplina em questão. Afirmou ainda que o principal objetivo de um teste é garantir a validade do conteúdo (ou seja, a medida em que um teste mede uma amostra representativa do conteúdo da matéria e dos objectivos de ensino especificados para a turma) do teste. Afirmou também que, antes de o professor começar a construir o teste, deve considerar os diferentes tipos de itens de teste que podem ser utilizados.

Ryan e Cooper em Igbiwu (1999) enumeraram as competências de ensino para incluir:

1. A capacidade de diagnosticar as necessidades e as dificuldades de aprendizagem dos alunos.

2. A capacidade de utilizar diferentes tipos de perguntas, cada uma das quais exigindo

diferentes tipos

do processo de pensamento do aprendente.

3. A capacidade de continuar a variar a situação de aprendizagem de modo a manter os alunos envolvidos.

4. A capacidade de reconhecer quando os alunos estão a prestar atenção e de utilizar esta informação para alterar o comportamento e, eventualmente, a direção da aula.

5. Capacidade de utilizar vários tipos de equipamento tecnológico.

6. A capacidade de reforçar eficazmente certos tipos de comportamento do aluno.

7. A capacidade de indicar o objetivo dos planos de unidade de aula e de mostrar a atividade específica esperada do aluno.

8. A capacidade de relacionar a aprendizagem com a situação do aprendente.

9. A capacidade de determinar o tipo correto de material didático para uma determinada matéria.

Combs in Igbiwu (1999) enumerou as caraterísticas de um bom professor, incluindo: conhecer a matéria, saber muito sobre a matéria relacionada, ser adaptável a novos conhecimentos, compreender o processo de se tornar professor, reconhecer as diferenças individuais, ser um bom comunicador, desenvolver uma mente inquiridora, estar disponível, estar empenhado, ser entusiástico, ter sentido de humor, ter humildade, apreciar a sua própria individualidade e ter convicções. A informação da literatura sobre a avaliação da instrução é útil para este estudo, uma vez que ajudou a identificar as necessidades de melhoria das competências técnicas dos professores de carpintaria e de joalharia.

**Avaliação das necessidades**

Para criar um programa de reconhecimento eficaz, é importante perguntar aos colaboradores quais são as suas necessidades e preferências e avaliar o seu nível de interesse. Para garantir o sucesso de um programa, este deve refletir o que os colaboradores consideram importante. Além disso, é importante compreender a cultura do local de trabalho e as necessidades comerciais do seu departamento e/ou divisão. O reconhecimento é uma ferramenta que pode ser utilizada pelos gestores e supervisores para reforçar positivamente o desempenho e os comportamentos que contribuem para os objectivos empresariais e os valores do departamento. Dito isto, é importante, na fase de avaliação das necessidades, identificar claramente qual será o objetivo do programa de reconhecimento e como se relaciona com a consecução dos objectivos e valores empresariais e, em última análise, com um ambiente de trabalho mais favorável para todos. Ao adaptar os programas às prioridades da empresa, com base no conhecimento das necessidades e preferências dos colaboradores, o seu programa de reconhecimento e as actividades relacionadas podem ter impacto na motivação dos colaboradores, na concretização das prioridades da empresa, no serviço ao cliente e, em última análise, no sucesso da organização.

**O que é uma avaliação das necessidades?**

O processo de recolha e análise de informações para obter uma imagem exacta e completa do ambiente que o rodeia é designado por avaliação das necessidades. Uma vez analisada, a informação é então utilizada para definir objectivos, desenvolver um plano de ação e atribuir recursos. Efetuar uma avaliação das necessidades é um passo necessário para desenvolver programas de reconhecimento dos colaboradores que sejam relevantes e eficazes. Ao avaliar as necessidades e preferências dos colaboradores, os objectivos e prioridades da empresa e a cultura do seu local de trabalho, pode determinar um foco e uma direção para as suas actividades de reconhecimento.

**Passos para a realização de uma avaliação das necessidades:**

- Esclarecer o objetivo e elaborar um plano para realizar a avaliação das necessidades

- O que é que sabe?

- O que é que quer saber?

- O que está a tentar medir?

- O que é que vai fazer com as informações recolhidas?

- Quem será incluído no planeamento e na realização da avaliação das necessidades?

- Quais são as funções e responsabilidades das pessoas envolvidas na avaliação das necessidades?

- De onde virá a informação?

Deve recolher e analisar os seguintes elementos:

- Informação de base - que actividades de reconhecimento estão atualmente a decorrer no seu departamento e na empresa? O que nos dizem os inquéritos aos trabalhadores? O que dizem os estudos e a literatura em geral?

- Necessidades dos colaboradores - que tipo de reconhecimento é mais significativo para os colaboradores? De que forma é que os colaboradores preferem ser reconhecidos? De quem é que os colaboradores preferem receber o reconhecimento? Preferem elogios públicos ou privados?

- Necessidades comerciais do departamento/divisão - Que tipos de comportamentos os gestores querem promover para atingir os objectivos comerciais? Quais são os valores da empresa? Quais são as principais prioridades do departamento/divisão? Se o serviço ao cliente é a prioridade número 1, então adapte as actividades de reconhecimento para apoiar essa prioridade.

- Cultura organizacional - avalie o clima ou a cultura do seu departamento, divisão ou unidade. Moral baixo? Alta rotatividade? Quais são os dados demográficos dos seus empregados? Equilíbrio entre vida profissional e pessoal? Quais são as questões subjacentes que afectam a satisfação e o sentimento de valorização? Os resultados dos inquéritos aos trabalhadores podem esclarecer esta questão.

**Identificar a sua população-alvo**

Quem será inquirido? - Todos os colaboradores devem ter a oportunidade de dar o seu contributo para os programas e actividades de reconhecimento. Se não for possível realizar uma avaliação das necessidades de todos os funcionários, é importante garantir que a amostra da população seja aleatória e representativa de toda a população.

**Determinar a forma como serão recolhidas as informações para a avaliação das necessidades**

Há uma variedade de métodos que podem ser utilizados, isoladamente ou em combinação, para recolher informações sobre dos empregados. O tempo e os recursos desempenham um papel importante na determinação do método de recolha de informações. Os exemplos incluem:

• Discussões individuais ou em pequenos grupos - As reuniões informais com trabalhadores, gestores e outros grupos de partes interessadas podem proporcionar uma oportunidade para discutir preferências e objectivos de reconhecimento e para partilhar ideias. Também proporcionam uma oportunidade para aprofundar os resultados de inquéritos agregados, como os inquéritos governamentais aos trabalhadores.

• Uma caixa de sugestões - Permite que os funcionários façam comentários anónimos através de uma caixa colocada algures no departamento/divisão/unidade ou através de uma conta de correio eletrónico genérica.

• Inquérito/questionário aos trabalhadores - Este processo é mais formal e pode ser proposto em papel, por correio eletrónico ou em linha

• Sessões de grupos de discussão - Este processo consiste numa discussão semi-estruturada com 8 a 12 partes interessadas, normalmente conduzida por um facilitador que segue um esquema e regista os contributos. Este processo dá-lhe a oportunidade de estabelecer contactos e relações com as partes interessadas e de compreender melhor as suas atitudes e opiniões.

**Determinar que informação já existe que seria útil analisar. Por exemplo:**

- Documentos da equipa de ação do inquérito aos trabalhadores

- Inquéritos de comunicação

- Informações provenientes das mesas redondas das reuniões do pessoal

- Comentários recebidos noutros fóruns - sessões de planeamento empresarial, iniciativas de locais de trabalho saudáveis, etc.

- Informações anedóticas recolhidas através de eventos de ligação em rede do pessoal, boletins informativos, cartões de comentários, etc.

Outras fontes de informação específicas do departamento e da empresa - inquérito aos trabalhadores relatórios, plano de negócios do governo, Plano de Recursos Humanos da Empresa, etc.

Além disso, consulte estudos externos, literatura, relatórios e artigos sobre reconhecimento.

**Recolher e gerir informações**

- Determinar a informação de base - se existir.

- Determinar a forma como a informação será organizada - por exemplo, organizada por categorias/temas.

- Lembre-se, as informações pessoais devem ser mantidas confidenciais e utilizadas apenas para efeitos de avaliação das necessidades

**Analisar informações**

- Quais são os domínios que necessitam de ser melhorados? Onde é que existem lacunas?

- Observa alguma tendência ao analisar as informações?

- O que é que os trabalhadores pedem?

- Os trabalhadores sentem que as suas necessidades estão a ser satisfeitas?

- As necessidades da empresa estão a ser satisfeitas?

- Existe uma cultura de trabalho de apoio?

- Quais são as causas profundas dos problemas?

- Que tipo de actividades/programas são necessários?

**Utilizar os resultados**

- Determinar objectivos a curto e a longo prazo

- Desenvolver um plano de trabalho de reconhecimento (ver passo no kit de ferramentas)

- Solicitar recursos

Muitas abordagens podem ser utilizadas para identificar as competências dos professores (Olaitan, 2003). Estas abordagens baseiam-se na construção de perfis profissionais complexos que analisam as responsabilidades e as actividades do trabalho e as competências necessárias para as realizar (Sullivan, 1995). Olaitan, Nwachukwu, Igbo, Onyeamachi e Ekong (1999) identificaram estas abordagens como sendo a análise de funções, a análise de tarefas, a abordagem modular e a abordagem baseada nas competências.

**A relação entre competências, desempenho, normas e critérios**

Em consonância com a tentativa de manter simples os juízos de competência, as abordagens baseadas na competência no ensino e formação profissionais têm sido associadas a uma "subdivisão repetida de áreas e subáreas para chegar a uma lista de 'elementos de competência' avaliáveis separadamente, em termos dos quais os indivíduos podem ser considerados competentes ou não competentes". (Bowden e Masters, 1993) São então utilizados instrumentos simples, como listas de controlo, para avaliar a competência. Isto levanta a suspeita de que o conceito de competência está a ser contido e as abordagens de educação e formação associadas estão a ser conduzidas por um desejo de manter a avaliação e as ferramentas de avaliação simples. A norma num sistema dicotómico ou os limiares num sistema multiponto não têm de ser vistos como imutáveis. Num ambiente orientado para o local de trabalho, é de esperar que sejam diferentes em diferentes locais de trabalho e que mudem ao longo do tempo com a inovação e a concorrência no mercado. É provável que uma norma dicotómica simples seja orientada para o desempenho de tarefas simples. É frequentemente efectuada através da divisão das tarefas em etapas e da avaliação de cada uma delas separadamente. Isto ignora as complexidades das exigências do local de trabalho. A competência no local de trabalho exige frequentemente a gestão de múltiplas tarefas em série ou em simultâneo, em ambientes complexos e em mudança e em conjunto com subordinados, pares e supervisores. A avaliação baseada em competências para o ensino profissional pode ter mais caraterísticas de avaliação da prática no local de trabalho ou de avaliação da aprendizagem baseada em problemas do que de uma avaliação dicotómica do desempenho de uma única tarefa. Neste estudo, será adoptada uma lista de verificação das competências técnicas no currículo de carpintaria/joalharia ao nível do certificado técnico nacional.

**Professores principiantes**

O desenvolvimento profissional é necessário para ajudar os professores principiantes que concluíram os programas de formação de professores a tornarem-se mais eficazes na sala de aula. Os professores de carpintaria/joalharia devem inscrever-se em programas para complementar as suas competências de ensino. As actividades de desenvolvimento profissional adequadas são especialmente importantes durante os anos de formação da carreira de um professor, a fim de melhorar o seu crescimento profissional (Camp & Heath-Camp, 1989). O objetivo de um estudo realizado por Thomas e Kiley (1994) era identificar os problemas e as preocupações dos novos professores do ensino básico e secundário e distinguir entre as preocupações dos professores do primeiro ano, do segundo ano e dos professores experientes. Os participantes eram 68 novos professores do ensino básico e secundário de um distrito escolar em crescimento no Maryland, que preencheram um questionário. Os autores concluíram que as principais preocupações dos professores do primeiro ano com menos de 25 anos (63% dos inquiridos) incluíam lidar com as diferenças individuais dos alunos e trabalhar com alunos com necessidades especiais. Os resultados também indicaram que 15% dos professores principiantes abandonam a profissão após o primeiro ano de ensino, e mais de 50% abandonam-na no prazo de seis anos. O investigador recomendou mais oportunidades para actividades em serviço, monitorização pelos pares e programas de desenvolvimento profissional para todos os professores (Thomas e Kiley, 1994).

**Professores experientes**

O desenvolvimento profissional dos professores é um processo contínuo. A formação recebida nos cursos de licenciatura constitui apenas uma base para a formação contínua. Bradley (1996) recomendou que os professores recebam duas semanas adicionais de emprego todos os anos para permitir um desenvolvimento profissional aprofundado que conduza a uma melhoria da aprendizagem dos alunos.

Um inquérito realizado por Weidegreen (1994) foi concebido para determinar as necessidades de desenvolvimento profissional que os participantes consideravam importantes. Os participantes eram professores de gestão que assistiram a uma série de conferências regionais patrocinadas pela Business Education Association. O estudo resultou numa lista de nove prioridades de desenvolvimento profissional, classificadas da mais importante para a menos importante pelos professores de gestão. As nove prioridades eram as seguintes:

(a) Alinhar o ensino empresarial com o académico;

(b)Alinhar o currículo com as necessidades da força de trabalho;

(c)Prestar apoio à digitação;

(d)Criar parcerias com as empresas/indústria;

(e)Aperfeiçoar o currículo;

(f) Desenvolver as capacidades de comunicação dos estudantes;

(g)Facilitar o desenvolvimento dos professores e do pessoal;

(h)Desenvolver, implementar e rever o currículo; e

(i) Criar iniciativas interdisciplinares.

O investigador concluiu que os professores de gestão estão preocupados em satisfazer as necessidades da força de trabalho, conscientes da importância da integração no currículo académico e desejam que as suas organizações profissionais sejam os seus defensores para um maior desenvolvimento profissional. Foi recomendado que as organizações profissionais actuassem como defensores a nível local e estatal dos professores de gestão (Weidegreen, 1994). São necessários fundos para o desenvolvimento profissional dos professores. Rust (2000) afirmou que a atribuição ou reafectação de fundos é necessária para fornecer a mais professores e diretores as competências de instrução e liderança necessárias para ajudar até as crianças mais difíceis de alcançar a adquirir novos níveis de competência básica.

**As necessidades de formação contínua dos professores do ensino profissional e técnico**

A profissão de professor de EFP está a enfrentar muitos desafios e exigências constantemente expressos pelo público em geral, por representantes do mundo do trabalho e por várias autoridades públicas e decisores políticos. A investigação científica sobre a profissão de professor e, em particular, as actuais necessidades de desenvolvimento e os métodos de desenvolvimento profissional são, no entanto, escassos e apenas alguns artigos de revistas de referência sobre esta questão no contexto da Nigéria podem ser recuperados. Durante os últimos anos, um dos quadros de referência mais importantes para o desenvolvimento futuro dos professores em geral tem sido os Princípios Comuns da Nigéria para as Competências e Qualificações dos Professores, que foram concebidos em resposta aos desafios estabelecidos pelo Conselho de Registo de Professores (TRC, 2004).

De acordo com este quadro, um professor é uma pessoa a quem é reconhecido o estatuto de professor (ou equivalente) de acordo com a legislação e os regulamentos de um determinado país. Os professores são considerados os principais actores da evolução dos sistemas educativos no desenvolvimento das competências e do emprego das pessoas. Os princípios do conselho de registo dos professores são sugeridos para garantir a atratividade e o estatuto da profissão docente. Definiram o ensino como:

- Uma profissão licenciada; todos os professores devem ser licenciados por instituições de ensino superior

• Uma profissão inserida no contexto da aprendizagem ao longo da vida; o desenvolvimento dos professores deve continuar ao longo das suas carreiras e deve ser apoiado

• Uma profissão móvel; mobilidade em diferentes países, entre diferentes níveis de ensino e para diferentes profissões

• Uma profissão baseada na parceria; parceria que assegura o compromisso com o desenvolvimento na prática e na investigação.

São também formuladas várias recomendações para futuras políticas e desenvolvimentos no que respeita, por exemplo, à mobilidade e desenvolvimento dos professores. Com base em trabalhos anteriores realizados no âmbito dos processos de profissionalização de professores técnicos de professores de EFP para o futuro por Cort e Volmari (2004), que é apresentado na Figura 1 e posteriormente utilizado como um dos pontos de referência nesta investigação. As necessidades de desenvolvimento futuro dos professores e formadores de EFP são demonstradas na figura seguinte.

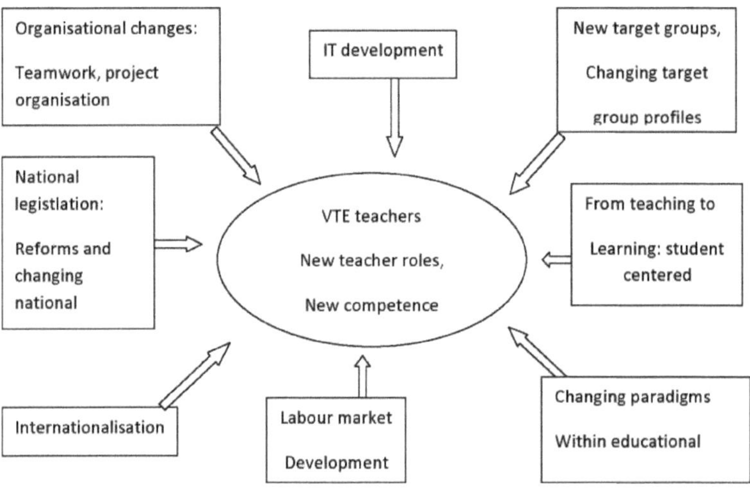


**Cort, Härkönen & Volmari (2004)**

**Figura 1. Profissionalização dos professores de EFP para o futuro**

As tendências de desenvolvimento que os professores e formadores de EFP enfrentam são globais, embora neste relatório o quadro de referência seja sobretudo global. Hoje em dia e num futuro próximo, os professores e formadores de EFP devem ser capazes de, por exemplo, atuar como tutores e mentores, orientar e aconselhar estudantes de diferentes idades e origens culturais, ocupar-se do trabalho administrativo, conceber currículos e cooperar ativamente com outros colegas e com a vida profissional. A formação contínua de professores deve ter em conta estas novas exigências e desafios.

Brugia (2006) apresentou os resultados de um estudo comparativo sobre a formação de professores e formadores de EFP em 15 Estados-Membros. Os resultados mostram que, normalmente, os requisitos de entrada num cargo de professor de disciplinas profissionais incluem qualificação profissional, experiência de trabalho e uma qualificação de ensino, enquanto que num cargo de professor de disciplinas gerais, é normalmente exigido um diploma universitário com uma qualificação de ensino. Os formadores do ensino profissional inicial não têm, em geral, requisitos formais de qualificação. As condições de acesso a um lugar de formador de ensino profissional contínuo são ainda mais variadas e o sector não está totalmente regulamentado.

Assim, pode mesmo perguntar-se se existe uma profissão de professor e de formador de EFP no mesmo sentido da palavra. Pode fazer-se uma divisão grosseira: os professores ocupam-se principalmente da parte teórica do conteúdo de ensino, enquanto os formadores se ocupam do conteúdo prático do conteúdo de ensino. De acordo com o estudo, a formação contínua de professores e formadores de EFP é bastante heterogénea. O desenvolvimento profissional contínuo dos professores de EFP nas instituições profissionais é geralmente encorajado pelos empregadores e pelo governo, que frequentemente o subsidia. Ao mesmo tempo, os tutores e formadores no local de trabalho têm muitas vezes dificuldade em encontrar cursos relevantes e possibilidades de os frequentar. As tendências para o desenvolvimento de professores e formadores no que diz respeito aos conteúdos da formação incluem muitas das mesmas questões já salientadas por (Cort et al 2004) e papéis geralmente cada vez mais complexos.

**O conceito de qualidade do ensino e a eficácia da educação**

Um aspeto difícil da supervisão da qualidade surge quando são detectados problemas em termos de eficácia educativa. Isto é, as definições e os critérios gerais geralmente não oferecem orientação suficiente sobre onde traçar a linha entre o que é adequado e o que não é. A eficácia não é unidimensional, mas depende da forma como vários recursos funcionam em combinação. Fundamentalmente, requer uma análise dos resultados e do que uma instituição consegue alcançar. Significa questionar se os diplomados estão bem preparados, se possuem os conhecimentos e as competências que eles e a sociedade esperam como resultado dos seus estudos (Chapman & Austin, 2002, pp. 209-210). De acordo com Bacchus, "qualidade da educação" significa frequentemente aumentar o nível de desempenho académico dos estudantes, geralmente medido em resultados de testes, nas várias disciplinas que fazem parte do seu currículo escolar (Bacchus, 1995, p. 7). De facto, os professores são uma força vital na eficácia educativa ao nível da instrução na sala de aula. Cabe-lhes a responsabilidade de implementar suficientemente o currículo escolar e as técnicas pedagógicas, bem como de mostrar aquilo a que Creemers (1994) e Wheldall e Glynn (1989) chamam comportamentos de instrução eficazes. No entanto, a OCDE (1989), citando Darling-Hammond e outros, identificou quatro caraterísticas bastante distintas do que se espera dos professores:

1. Ensino como trabalho: As actividades dos professores devem ser racionalmente planeadas e programaticamente organizadas pelos administradores, sendo o professor meramente responsável pela execução do programa de ensino;

2. O ensino como ofício: Nesta conceção, o ensino é visto como exigindo um *repertório* de técnicas especializadas e, para além de dominar as técnicas, o professor deve adquirir regras gerais para a sua aplicação;

3. O ensino como arte: Baseado não só em conhecimentos e competências profissionais, mas também num conjunto de recursos pessoais definidos de forma única; as técnicas e a sua aplicação podem ser novas, não convencionais e imprevisíveis;

4. O ensino como profissão: O professor precisa não só de um *repertório* de técnicas especializadas, mas também da capacidade de exercer um juízo sobre o momento em que essas técnicas devem ser aplicadas e, por conseguinte, de um corpo de conhecimentos teóricos (OCDE 1989, p. 19).

Se o papel de um professor é o acima referido, torna-se agora pouco claro quem é exatamente um bom professor e o que se espera dele ou dela (OCDE 1992). No entanto, de acordo com Perry (1994), as condições necessárias para um ensino de qualidade incluem o desempenho do professor. O desempenho do professor requer competência profissional. O nível de capacidade de um profissional não é estático, mas está em constante mutação, em parte devido às rápidas mudanças no ambiente causadas por novas exigências técnicas, sociais ou institucionais, mas também porque o desenvolvimento pessoal do indivíduo continua e surgem novas exigências profissionais. Nesta perspetiva, a competência pode ser vista como um ponto de corte no contínuo de aprendizagem e desenvolvimento que tem várias fases, começando com a seleção e a educação, continuando no processo de educação e formação profissional e, finalmente, atingindo o estatuto de demonstração de competência no trabalho (Leino, 1996, p. 75). A evolução do papel dos professores exige novos conhecimentos e capacidades. A investigação recente sobre o ensino e a aprendizagem parece dar especial ênfase a um conhecimento profundo da matéria a ensinar e à compreensão e capacidade de utilizar uma série de abordagens pedagógicas. Espera-se também que os professores tenham conhecimentos sobre o desenvolvimento social das crianças e sobre a função de gestão (Hamalainen & Jokela, 1993). Campbell, *et al.* (2004) referem-se às competências profissionais dos professores como o impacto que os factores da sala de aula (por exemplo, métodos de ensino, expectativas dos professores, organização da sala de aula e utilização dos recursos da sala de aula) têm no desempenho dos alunos. Além disso, também consideram a eficácia dos professores como o poder de realizar objectivos socialmente valorizados acordados para o trabalho dos professores, especialmente, mas não exclusivamente, o trabalho relacionado com a aprendizagem dos alunos. Segundo eles, há quatro questões que decorrem desta definição: os contextos e as condições em que os alunos podem aprender podem ser diferentes; os alunos são diferentes; o conteúdo dos objectivos de aprendizagem pode ser diferente; e os valores subjacentes à aprendizagem e à eficácia podem ser diferentes. Foi também sugerido, de forma plausível, que o conceito de eficácia dos professores vai para além do genérico e incorpora a ideia de que os professores podem ser eficazes com alguns alunos mais do que com outros, com algumas disciplinas mais do que com outras e com o seu trabalho profissional mais do que com outras. Campbell e os seus colegas reconhecem esta diferenciação, mas concluíram que uma caraterística distintiva de um professor é "o poder de ensinar", ou seja, a capacidade do professor para ajustar os princípios pedagógicos gerais à luz do seu juízo sobre as necessidades dos indivíduos ou de contextos particulares.

No entanto, o modelo de eficácia educativa de Creemer (1994b) defende que são os factores escolares que criam as condições para um ensino e uma aprendizagem eficazes. Por conseguinte, o comportamento dos professores pode ser afetado pelos factores escolares. No entanto, considera também que o ensino eficaz é a base de uma teoria da eficácia educativa (ver também Scheerens, 2000). Por conseguinte, o papel do professor na questão da qualidade da escola é muito importante e, como tal, os professores são considerados os principais actores na melhoria da qualidade da educação. É por isso que os investigadores apelam ao desenvolvimento profissional dos professores para reduzir as áreas de desperdício e os meios eficazes de melhorar a qualidade das escolas secundárias.

**Qualidades de um bom ensino**

Os melhores professores, de acordo com McCormick (1996), são cativados pela sua matéria, atraídos para fora de si próprios pelo seu ensino, o que os entusiasma como o rasto de um comboio que passa. Os melhores professores não prendem os alunos; puxam-nos. São, por mais piroso que pareça, visionários. No entanto, o que é mais atrativo nestes idealistas é a forma como os professores amam ou passam a amar os seus alunos. Ao contrário de ser um grande académico, ser um grande professor requer uma paixão pela sua área de estudo e pelos seus alunos. Afinal de contas, ensinar não é apenas uma questão de ideias; é envolver corações e mentes no processo de aprendizagem. Do mesmo modo, os melhores professores, de acordo com Brain (1998), têm a forma de perguntas. Quais são as qualidades que se combinam para criar um professor excelente e memorável? Por que é que alguns professores inspiram os alunos a trabalhar três vezes mais do que normalmente trabalhariam, enquanto outros inspiram os alunos a faltar às aulas? Porque é que os alunos aprendem mais com alguns professores do que com outros? Se pretende tornar-se um professor melhor, estas são questões importantes, nas palavras de Brains. Assim, Brains identificou a questão da "ênfase no ensino" como centrada nas quatro qualidades essenciais que distinguem os professores excepcionais - conhecimentos, capacidades de comunicação, interesse e respeito pelos alunos. McCormick (1996) esclareceu que os professores de qualidade são os professores que inspiram os alunos a competir contra si próprios, a assumir tarefas que parecem estar para além do seu alcance, a descobrir e a desenvolver a sua verdadeira capacidade de pensar. Ao mesmo tempo, os melhores professores também parecem ser aqueles que nunca param de aprender; são as pessoas que nunca param de ler novos livros, de ouvir novas vozes ou de discutir novas ideias, e cuja procura de compreensão nunca está terminada. Por outras palavras, Biggs (2003) afirma que os melhores professores são estudantes ao longo da vida, pessoas que ainda sabem o pouco que realmente compreendem sobre a vida e o muito que ainda têm para aprender sobre todas as questões importantes. Além disso, McCormick (1996) apresentou três caraterísticas de um professor excelente.

Em primeiro lugar, os professores de elevada qualidade têm uma paixão nas suas vidas e uma profunda consideração pelos seus alunos. Ou seja, adoram os seus alunos. Em segundo lugar, levam vidas desafiantes e exigentes que estabelecem padrões elevados e inspiram os seus alunos. Por outras palavras, são proféticos. E, em terceiro lugar, estão sempre totalmente empenhados no mistério da vida, com o coração e a mente cheios de admiração e espanto, abertos a aprender coisas novas e a compreender novas realidades. Katz (1988) e Reiger e Stang (2000) defendem que os professores precisam de ser curiosos, imaginativos, empáticos, interessantes, simpáticos e trabalhadores para serem eficazes na sala de aula, criando assim um ambiente de aprendizagem que melhora e reforça a disposição de aprendizagem dos alunos. Na mesma linha, Highet (1963) e Stones (1966) defendem que um bom professor é um homem ou uma mulher com um interesse intelectual excecionalmente amplo e vivo. Um bom professor é um homem ou uma mulher interessante. Como tal, tornará o trabalho interessante para os alunos, da mesma forma que fala de forma interessante e escreve uma carta interessante. Muito do ensino consiste em explicar, explicamos o desconhecido pelo conhecido, o vago pelo vívido. Uma das qualidades mais importantes de um bom professor é o "humor". São muitos os objectivos que ele serve. O mais óbvio é o facto de manter os alunos vivos e atentos, porque nunca têm a certeza do que virá a seguir. Um professor com uma memória fraca é ridículo e perigoso. Um bom professor é uma pessoa determinada. É muito difícil ensinar qualquer coisa sem bondade.

Em conclusão, o estudo de Biggs (2003) sobre a qualidade de um bom ensino salienta que "um bom ensino consiste em levar a maioria dos estudantes a utilizar os processos de nível cognitivo mais elevado que os estudantes mais académicos utilizam espontaneamente. O ensino funciona fazendo com que os estudantes se envolvam em actividades relacionadas com a aprendizagem que os ajudem a atingir os objectivos específicos estabelecidos para a unidade ou curso, tais como teorizar, gerar novas ideias, refletir, aplicar e resolver problemas". Dado que a aprendizagem é considerada como a questão central do século XXI, os aspectos mais poderosos, envolventes, gratificantes e agradáveis das nossas experiências pessoais e colectivas precisam de ser apoiados pelos serviços de professores altamente qualificados (Tomlinson 2004,). Um professor altamente qualificado leva a maioria dos alunos a utilizar os processos de nível cognitivo mais elevado que os alunos mais académicos utilizam espontaneamente. O ensino funciona fazendo com que os alunos se envolvam em actividades relacionadas com a aprendizagem que os ajudam a atingir os objectivos específicos estabelecidos para a unidade ou curso, tais como teorizar, gerar novas ideias, reflectir, aplicar e resolver problemas.

**Teorema de Prosser sobre conhecimentos e competências profissionais**

Desde a adoção, em 1917, dos Dezasseis Teoremas de Prosser para as escolas secundárias públicas até aos dias de hoje, com os professores universitários, os académicos concordam que os instrutores precisam de estar bem fundamentados nas competências da matéria para serem eficazes com os seus alunos. "O ensino profissional será eficaz na medida em que o instrutor tenha tido uma experiência bem sucedida na aplicação de competências e conhecimentos às operações e processos que se compromete a ensinar" (Prosser & Allen, 1925). Velhos adágios como "não se pode ensinar o que não se sabe" e "os professores devem saber do que estão a falar" são tão exactos hoje como eram em 1917" (Camp e Hillison, 1984). O livro Modern Principles of Vocational Education de Miller (1985) também aborda a responsabilidade dos professores. Afirma que os professores devem ter uma formação profissional e técnica. Amstutz e Whitson (1997) questionaram se os professores universitários com competências limitadas serão capazes de formar os estudantes para se tornarem proficientes na utilização da informação. McEwen e King (1998) concordaram com a importância de os professores possuírem competências técnicas quando os investigadores afirmaram que a formação de professores deve proporcionar oportunidades para os futuros professores adquirirem as competências necessárias para as suas carreiras.

Camp e Hillison (1984) afirmaram que a especialização na matéria era crucial tanto para os professores como para os estudantes do ensino profissional. Um dos objectivos da Política de Formação de Professores (NPE 2004) é estabelecer padrões elevados e rigorosos para o que os professores devem saber e ser capazes de fazer. A política determina que os professores certificados devem ter um conhecimento profundo das matérias que ensinam. Isso ajudará o professor a estar ciente dos preconceitos e conhecimentos de base que os alunos trazem para cada disciplina. A política também estabelece que os professores competentes devem conhecer a sua matéria suficientemente bem para criar múltiplos caminhos para as matérias que ensinam. As competências técnicas envolvem não só o conhecimento da disciplina, mas também a capacidade de transmitir esse conhecimento aos alunos (White & Roach, 1997). Camp e Heath-Camp (1989) afirmaram que "os professores devem conhecer e compreender o conteúdo das suas disciplinas suficientemente bem para o ensinar a outra pessoa e para responder a perguntas sobre os seus pressupostos e teorias subjacentes. Fullan (1995) acrescentou que os professores devem conhecer suficientemente bem as suas áreas disciplinares para as ensinar tanto individualmente como em relação a outras disciplinas. Cruickshank (1990) afirmou que os professores eficazes sabem muito sobre as suas áreas disciplinares e possuem muita informação factual. De acordo com Ward (1986), o professor profissional ideal é conhecedor e está atualizado numa ou mais áreas de conteúdo. Quando foi perguntado aos estudantes do ensino secundário no estudo de Ward

para descrever o professor ideal, os alunos do professor profissional retrataram alguém que conhecia a matéria suficientemente bem para a explicar de várias formas para garantir que todos os alunos a compreendiam.

No estudo de Messenger (1979), os estudantes do ensino secundário técnico caracterizaram os maus professores como aqueles que não explicavam bem a matéria e não se preocupavam com os alunos. Os professores em formação a quem são ensinados os conceitos e aplicações técnicas necessários têm mais probabilidades de ensinar como professores na sala de aula e de se sentirem confortáveis ao fazê-lo (Chalupa, 1993). Ao aumentarem os seus conhecimentos técnicos, terão mais confiança nas suas capacidades e serão mais capazes de aumentar as suas competências de ensino. Podem também utilizar os conhecimentos técnicos para os ajudar a interpretar e aplicar novos conhecimentos baseados na investigação (Ward & Griffin, 1986).

**Auto-eficácia**

A teoria da auto-eficácia de Bandura (1977) apoia o princípio da eficácia do professor e do conhecimento da matéria. A auto-eficácia é a medida em que uma pessoa acredita que pode executar com êxito um comportamento necessário para produzir um determinado resultado. Bandura afirmou que "os indivíduos podem acreditar que um determinado curso de ação produzirá determinados resultados, mas se tiverem sérias dúvidas quanto à sua capacidade de realizar as actividades necessárias, essa informação não influencia os seus comportamentos. Bandura (1977) não quis dizer que a expetativa é o único fator determinante do comportamento. A expetativa, por si só, não produzirá o desempenho desejado se as capacidades que a compõem não existirem. No entanto, se as pessoas dispuserem de competências apropriadas e de incentivos adequados, as expectativas de eficácia são um fator determinante da escolha das actividades, do esforço que irão despender e do tempo que irão manter o esforço para lidar com situações de stress. Bandura sugeriu que o seu quadro teórico é generalizável para além do domínio da psicoterapia.

Os investigadores de muitos domínios, incluindo o da educação, generalizaram a teoria da auto-eficácia para as suas áreas. Em 1976 e 1977, a Rand Corporation realizou uma investigação sobre a eficácia dos professores, ou seja, a medida em que os professores acreditam que têm a capacidade de afetar o desempenho dos alunos. Os investigadores referiram que o sentido de auto-eficácia de um professor era um dos melhores indicadores de aumento dos resultados dos alunos (Ashton e Webb, 1986). Gibson e Dembo (1984) descobriram que os professores com maior auto-eficácia tinham mais probabilidades de ter um ambiente de sala de aula positivo, de apoiar as necessidades dos alunos e de satisfazer as necessidades de todos os alunos. A auto-eficácia pode também influenciar as actividades, o esforço e a persistência dos professores.

Além disso, os professores com baixa auto-eficácia podem evitar planear actividades de ensino com as quais não se sintam confiantes. Podem não persistir com os alunos que têm problemas, ou podem omitir o re-ensino de material difícil. Woolfolk e Hoy (1990) referiram-se à eficácia pedagógica dos professores. Descobriram que aqueles que tinham um baixo sentido de eficácia instrutiva favoreciam um papel de cuidador que se baseava fortemente em recompensas extrínsecas e incentivos negativos para levar os alunos a estudar. Gibson e Dembo (1984) também descobriram que os professores com um elevado sentido de eficácia pedagógica dedicam mais tempo na sala de aula à aprendizagem académica, prestando ajuda aos alunos com dificuldades e elogiando-os pelos seus êxitos. Por outro lado, os professores com baixo nível de eficácia pedagógica dedicam menos tempo a passatempos académicos, desistem dos alunos se estes não conseguirem compreender rapidamente e criticam-nos pelos seus fracassos. Em 1983, a American Vocational Association realizou uma sondagem sobre 40 preocupações relacionadas com os programas e os educadores vocacionais indicaram que a atualização da matéria era a terceira maior preocupação dos programas (Corwin & Sandi ford, 1984). A investigação nesta secção abrangeu os últimos 30 anos, e todos os resultados indicaram que a proficiência em competências curriculares tem implicações críticas para os professores. Se os professores devem ser os principais intervenientes na reforma académica da nação (Lynch, 1996), então os programas de formação de professores devem ser proactivos no esforço de reduzir o fosso entre as forças em rápida mudança da Era da Informação e as mudanças necessárias nas competências curriculares para a preparação de professores técnicos secundários principiantes.

Professores principiantes e experientes Uma investigação recente efectuada por Kirby e LeBude (1998) implicou que as preocupações dos professores principiantes começam a mudar à medida que experimentam o sucesso na sala de aula e progridem em anos de experiência. Alguns investigadores concluíram que os professores passam por um ciclo de fases da carreira que é semelhante ao ciclo de vida de um produto em marketing (introdução, crescimento, maturidade e declínio). Estas fases baseiam-se nos anos de experiência de ensino (Alexander, Ober, Davis, e Underwood (1997). De acordo com Aneke e Finch (1997), os professores começam por se preocupar consigo próprios. À medida que ganham experiência na utilização de inovações educativas, as suas preocupações deslocam-se mais para questões orientadas para a tarefa. Finalmente, as suas preocupações deslocam-se para os alunos e outros professores. Este mesmo padrão foi registado há trinta anos. A investigação de Fuller (1969) indicou que os professores principiantes estavam mais preocupados com o seu eu do que com as especificidades do ensino. O tempo envolvido na mudança pode depender do facto de os professores principiantes não disporem de conhecimentos adequados ou de apoio emocional durante os anos de pré-serviço e de início do ensino. Duas áreas problemáticas que a investigação indica repetidamente para os novos professores são a manutenção da disciplina na sala de aula e a motivação dos alunos (Fuller & Brown, 1975). À medida que os professores principiantes no estudo de Waters (1988) experimentavam e resolviam as suas preocupações das fases inferiores, progrediam de um estado de ego para uma fase de preocupação em que se concentravam mais na aprendizagem dos alunos. McCannon e Stitt-Gohdes (1995) fizeram um inquérito a professores premiados e descobriram que o seu foco central era mais o sucesso dos seus alunos. O objetivo da investigação de Alexander, Ober, Davis e Underwood (1997) era determinar em que medida as preocupações com o ensino diferiam entre futuros professores e professores experientes. Este estudo apresentou conclusões semelhantes às apresentadas para os professores principiantes e experientes. Os resultados indicaram que os professores experientes tinham menos preocupações, mas mais graves, do que os futuros professores. A preocupação mais significativa para os futuros professores era lidar com problemas de controlo e disciplina dos alunos. A preocupação mais significativa para os professores experientes era dar aos alunos uma parte no planeamento dos objectivos e das actividades de aprendizagem. Um dos objectivos de um estudo realizado por Mullennex (1998) era determinar se os problemas sentidos pelos professores principiantes e experientes no ensino técnico tinham mudado ao longo dos anos. As três principais áreas problemáticas referidas pelos professores principiantes nesse estudo foram a motivação dos alunos, a disciplina da turma e a organização do tempo. Os professores experientes referiram a motivação dos alunos, a organização do tempo e os recursos e materiais.

Uma das ameaças em todos estes estudos é que os professores principiantes se preocupam muito com o controlo da sala de aula. A investigação também indica que a superação desta preocupação é algo que vem principalmente através da experiência. No entanto, as instituições de formação de professores técnicos podem ajudar a eliminar algumas das preocupações dos professores principiantes, fundamentando-os no conteúdo da disciplina para que não tenham de se preocupar com a sua competência técnica. Os professores que estão habilitados com conhecimentos e aptidões de competências curriculares que são actuais e válidas serão mais eficazes na sala de aula. Relacionando a eficácia do ensino com a explicação de Bandura (1977) sobre as expectativas de eficácia, estes professores terão mais probabilidades de planear actividades de ensino que impliquem processos de pensamento mais desafiantes. Os professores que não estão tão familiarizados com a matéria podem evitar actividades desafiantes, dedicar menos tempo à matéria difícil ou saltar cada matéria que os alunos não compreendem (Ashton & Webb, 1986). As escolas de educação não podem corrigir os problemas que os professores principiantes enfrentam com a disciplina e outros problemas relacionados com a escola, mas podem garantir que estes professores tenham a oportunidade de se capacitarem com as competências necessárias para se tornarem a figura de proa na sala de aula. Os Estudos Relacionados no ensino profissional atual estão ameaçados pelo facto de as competências ensinadas estarem desactualizadas mesmo antes de o aluno se formar ou de as competências incluídas no currículo poderem ficar desactualizadas antes de o currículo ser implementado. Para evitar que isto aconteça, é imperativo dispor de dados de investigação para determinar os conteúdos curriculares de um programa educativo (Flanders, 1988).

**Quadro teórico**

Uma teoria é uma tentativa de sintetizar e integrar dados empíricos para uma clarificação e unificação máximas (Osuala, 2005). A teoria funciona como um guia para a descoberta de factos. Camp (2001) também considerou a teoria como um conjunto de construções, definições e proposições inter-relacionadas que apresentam uma visão racional dos fenómenos, explicando ou prevendo relações entre esses elementos. Na opinião de Ezeji (2001), a teoria fornece os dados necessários sobre um determinado assunto. Um quadro teórico para este estudo baseia-se nas teorias do ensino profissional, na teoria da avaliação das necessidades e nas teorias profissionais que tendem a orientar os educadores profissionais para a consecução dos objectivos. Estas teorias incluem a que afirma que o ensino profissional eficaz é uma função da experiência profissional do educador, tanto na profissão como na sua metodologia de ensino profissional (Agusiobo, 1979). Segundo Olaitan (1982), uma teoria é uma ideia geralmente aceite em qualquer área de estudo. Por conseguinte, nesta definição, uma teoria é testada antes de ser geralmente aceite. Na carpintaria e na marcenaria, as teorias podem ser consideradas como princípios aprovados, uma vez que todas as teorias do ensino profissional assentam numa teoria de base que afirma que um ensino profissional eficaz para qualquer profissão, vocação, ofício, ocupação ou emprego só pode ser ministrado a um grupo selecionado de indivíduos que dele necessitem, que o desejem e que possam beneficiar. Por conseguinte, a base teórica do estudo será constituída por três teorias principais do ensino profissional. Estas teorias são apresentadas a seguir:

1. Uma formação profissional eficaz só pode ser ministrada quando os postos de trabalho de formação são executados da mesma forma, com as mesmas operações, as mesmas ferramentas e as mesmas máquinas que na profissão propriamente dita.

2. O ensino profissional será eficaz na medida em que o supervisor tenha tido experiência e exposição bem sucedidas na aplicação de competências e conhecimentos às operações e processos da profissão que supervisiona.

3. O ensino profissional será eficaz se a única fonte fiável de conteúdos para a formação numa profissão for a experiência do mestre na profissão (Olaitan, Nwachukwu, Onyemachi, Igbo e Ekong, 1999).

A primeira teoria coloca a tónica no processo de aquisição de competências numa formação, sala de aula ou oficina. Enfatiza a necessidade de ensinar os licenciados/alunos com o tipo de ferramentas e máquinas que podem ver nas indústrias. Ou seja, os tipos de ferramentas, equipamentos e máquinas utilizados para transferir competências de canalização aos estudantes durante a escolaridade devem ser os mesmos que os utilizados no mundo do trabalho. A segunda teoria enfatiza a necessidade de ter um diretor de oficina/professor competente, com experiência suficiente que lhe permita supervisionar adequadamente os alunos durante a formação, devido à natureza prática da carpintaria e da joalharia.

A terceira teoria reconhece a necessidade de actividades de desempenho, tais como as envolvidas na formação. Reconhece ainda a observação da prática no local de trabalho e a participação ou envolvimento pessoal através de um mestre com conhecimentos e competências através da exposição a desafios no local de trabalho. Com base na ilustração acima, três teorias do ensino profissional são consideradas relevantes para o estudo.

**Teoria da avaliação das necessidades**

A utilização da teoria da avaliação das necessidades para identificar e justificar as lacunas nos resultados e colocar as lacunas numa ordem prioritária de atenção é de grande importância para melhorar as necessidades de competências pré-serviço dos licenciados em tecnologia da madeira das escolas técnicas. Witkin in Bello (2004) definiu a avaliação de necessidades como qualquer abordagem sistemática para estabelecer prioridades para acções futuras. De acordo com Kaufman (1985), a avaliação das necessidades implica a identificação e a justificação das lacunas nos resultados e a colocação das lacunas numa ordem prioritária de atenção.

Em relação às necessidades de melhoria das competências técnicas dos professores de carpintaria e marcenaria, é mais provável que a aprendizagem conduza a mudanças na prática quando a avaliação das necessidades tiver sido efectuada. Isto ajudará a identificar as práticas que precisam de ser melhoradas e a garantir que as intervenções educativas e organizacionais foram efectuadas para responder a essas necessidades. Grant (2002) classificou os métodos de avaliação das necessidades em sete tipos principais, cada um dos quais pode assumir muitas formas diferentes na prática.

1 Análise de lacunas ou discrepâncias: este método consiste em comparar o desempenho com as competências pretendidas, através de autoavaliação, avaliação pelos pares ou testes de objectivos, e planear a formação em conformidade.

2 Reflexão sobre a ação e reflexão na ação: A reflexão sobre a ação é um aspeto da aprendizagem experiencial e envolve a reflexão sobre um determinado desempenho, com ou sem estímulo (como uma cassete de vídeo ou de áudio), e a identificação do que foi feito bem e do que poderia ter sido feito melhor. Esta última categoria indica as necessidades de aprendizagem. A reflexão em action refere-se à reflexão sobre o desempenho real no momento em que este ocorre e exige alguns meios de registar os pontos fortes e fracos identificados nesse momento.

3 Autoavaliação através de diários, diários de bordo, revisões semanais: trata-se de uma extensão da reflexão que implica manter um diário ou outro tipo de relato de experiências.

4 Avaliação pelos pares: Trata-se de professores que avaliam a prática uns dos outros e dão feedback e talvez conselhos sobre possíveis estratégias de educação, formação ou organização para melhorar o desempenho.

5 Observação: Em contextos mais formais, o professor pode observar a realização de tarefas específicas que podem ser classificadas pelo observador. Os resultados são discutidos e as necessidades de competências são identificadas. O observador pode ser um inspetor escolar, um professor sénior ou uma pessoa desinteressada, se a avaliação for suficientemente objetiva ou se sobrepuser às áreas de especialização do observador.

6 Análise de incidentes críticos e auditoria de eventos significativos: este método envolve a identificação individual e o registo de eventos. Isto permitirá que os indivíduos saibam onde é necessário um melhor desempenho, analisando o incidente pela sua configuração exacta, o que ocorreu, o resultado e porque foi ineficaz

7 Revisão da prática clínica: Uma revisão de rotina das notas, fichas de prescrição, pedidos de cartas, etc. pode identificar necessidades de competências, especialmente se for seguido o formato de analisar o que é satisfatório ou não para melhorar. Além disso, Grant (2002) afirmou que as "necessidades" podem ser classificadas em necessidades sentidas (o que as pessoas dizem que precisam), necessidades expressas (expressas em ação), necessidades normativas (definidas por peritos) e necessidades comparativas (comparação de grupos).

Witkin concluiu que não existe uma teoria ou um quadro concetual para a avaliação das necessidades que tenha sido universalmente aceite e que existem poucas provas empíricas da superioridade de uma abordagem em relação a outra. Além disso, os modelos existentes são tão numerosos e diversificados que foram desenvolvidos critérios para selecionar uma abordagem adequada.

Witkin in Bello (2004) desenvolveu um guia para a seleção de uma abordagem de avaliação das necessidades educativas . As perguntas seguintes continuam a ser úteis para avaliar os modelos de avaliação das necessidades e estruturar os procedimentos.

1. Quem quer uma avaliação das necessidades?

2. Por que razão é necessária uma avaliação das necessidades?

3. Qual deve ser o âmbito da avaliação?

4. Em que necessidades se vai concentrar e a que nível?

5. Que tipos e quantidades de dados devem ser recolhidos para o seu objetivo?

6. Que fontes e métodos poderia utilizar para a recolha de dados?

7. Quais são as suas restrições à recolha de dados?

8. Que produtos de avaliação das necessidades correspondem aos seus objectivos, limitações e recursos?

9. Que produtos de avaliação das necessidades correspondem aos seus objectivos, limitações e recursos?

Grant (2002) sublinhou que a avaliação das necessidades pode servir para ajudar a planear o currículo, diagnosticar problemas individuais, avaliar a aprendizagem dos alunos, demonstrar responsabilidade, melhorar a prática e a segurança ou oferecer um feedback individual à intervenção educativa.

Os três métodos básicos de inquérito para a recolha de dados de avaliação das necessidades incluem questionários, entrevistas e técnicas de incidentes críticos. Destes, o questionário escrito, as entrevistas e a técnica de incidentes críticos são o método mais comum de recolha de dados de avaliação das necessidades (Witkin e Attschuld, 1995).

**Estudos empíricos relacionados**

Num estudo efectuado por Onyemachi (2004), sobre as competências de gestão exigidas pelos professores para melhorar o funcionamento do laboratório de trabalho com madeira nas escolas técnicas dos estados de Abia e Enugu, foram desenvolvidas cinco questões de investigação e quatro hipóteses nulas foram também formuladas e testadas com um nível de significância de 0,05. Foi elaborado um questionário estruturado a partir da literatura revista e utilizado para o estudo. Os questionários foram utilizados para recolher dados de 201 inquiridos, dos quais 119 tinham experiência e 82 não tinham experiência em trabalhos com madeira em escolas técnicas dos Estados de Abia e Enugu. Os dados recolhidos foram analisados utilizando a média, o desvio padrão e o índice de exigência de melhoria (IRI) para responder às questões de investigação e as estatísticas do teste t para testar as hipóteses nulas. As principais conclusões do estudo indicaram que as quatro áreas de competências de gestão (planeamento, organização, coordenação e avaliação) foram acordadas como responsabilidades necessárias dos professores de carpintaria no funcionamento dos laboratórios de carpintaria. O estudo revelou ainda que os professores de carpintaria necessitam de melhorar 9 competências de planeamento; 12 competências de organização; 8 competências de coordenação; e 9 competências de avaliação. O resultado das hipóteses nulas testadas mostrou que não havia diferença significativa entre as classificações médias das respostas dos professores com e sem experiência sobre a importância exigida pelos professores de carpintaria nas competências de planeamento, organização, coordenação e avaliação para o funcionamento do laboratório de carpintaria nas escolas técnicas dos estados de Abia e Enugu. Os inquiridos concordam que os professores precisam de ser melhorados em todas as áreas de competências de gestão.

Bakare, Ochepo e Miller (2010) efectuaram um estudo sobre a determinação das necessidades de melhoria de competências dos supervisores na supervisão de professores em escolas técnicas na zona sudoeste da Nigéria. Três questões de investigação orientaram o estudo. Para o estudo, foi utilizado um modelo de inquérito. A população do estudo foi constituída por 380 supervisores de professores do ensino técnico da Direção-Geral do Ensino Técnico. Foi utilizada uma técnica de amostragem selectiva para obter 180 supervisores do conselho do ensino técnico em três estados. Foi elaborado e utilizado um questionário estruturado para recolher dados junto dos supervisores. Foi adotado o método de fiabilidade alfa de Cronbach para determinar a consistência interna do item do questionário; foi obtido um coeficiente alfa de Cronbach de 0,86 para o questionário. Os dados recolhidos foram analisados utilizando a média ponderada e o índice de necessidade de melhoria (INI). O estudo concluiu que os supervisores precisam de melhorar o planeamento, a organização e a aplicação das instruções. Por conseguinte, recomenda-se que as conclusões deste estudo sejam utilizadas para organizar workshops ou seminários sobre como planear, organizar e implementar instruções.

Num estudo realizado por Ogbuanya e Fakorade (2009), sobre as necessidades de melhoria das competências técnicas dos professores de tecnologia da metalomecânica para o empreendedorismo em resposta aos ODM para a garantia da qualidade, nos estados de Lagos e Ogun, foi utilizado um modelo de inquérito para o estudo; foi utilizado um questionário estruturado para recolher dados dos inquiridos. A população do estudo era constituída por 110 professores de metalomecânica. Não foi efectuada qualquer amostragem devido à dimensão relativamente pequena da população. Os dados foram analisados utilizando a média e o desvio padrão. Os resultados do estudo revelam que os professores de tecnologia metalúrgica das escolas técnicas necessitam de competências em tecnologia metalúrgica moderna para uma formação de qualidade dos estudantes de metalurgia das escolas técnicas, tendo em vista a sua ocupação na indústria metalúrgica e o autoemprego. Por último, o estudo identificou as competências pedagógicas em matéria de planeamento, implementação e avaliação da instrução de que os professores de tecnologia metalúrgica das escolas técnicas dos estados de Lagos e Ogun necessitam para poderem ensinar empreendedorismo. As competências de empreendedorismo identificadas por este estudo têm como objetivo melhorar/erradicar a pobreza e a fome, bem como desenvolver a parceria global para o desenvolvimento.

Omolola (2012) realizou um estudo sobre as competências de supervisão na construção de edifícios exigidas pelos professores de tecnologia da construção em escolas técnicas no Estado de Ondo. Foi utilizado um modelo de investigação de inquérito. A população do estudo era constituída por 35 professores de tecnologia da construção e 26 supervisores nas indústrias. O instrumento utilizado para a recolha de dados foi um questionário estruturado. Foram formuladas quatro questões de investigação e quatro hipóteses. A média e o desvio padrão foram utilizados para analisar os dados e responder às questões de investigação, enquanto o teste t foi utilizado para testar a hipótese de não haver diferença significativa a um nível de significância de 0,05. Verificou-se que quinze competências de supervisão em tijolo/bloco e betão, dezassete competências de supervisão em carpintaria/joalharia, doze competências de supervisão em canalização/encanamento e dezassete competências de supervisão em pintura/decoração eram necessárias aos professores de tecnologia da construção. Com base nestas conclusões, recomendou-se que todas as competências de supervisão identificadas no estudo fossem agrupadas e utilizadas na reciclagem de professores técnicos em escolas técnicas do Estado através de workshops e seminários. Também foi recomendado que as competências de supervisão identificadas no estudo fossem integradas no programa de formação de professores das escolas superiores de educação e das universidades.

Aguolu (2007) efectuou um estudo sobre as necessidades de melhoria das competências dos supervisores de professores de agricultura em escolas primárias e pós-primárias no território da capital federal, Abuja. Foram elaboradas nove questões de investigação e formuladas oito hipóteses nulas, que foram testadas com um nível de significância de 0,05. Foi utilizado um modelo de investigação de inquérito para o estudo. Foi elaborado um questionário para a recolha de dados. O questionário foi validado por três peritos e a sua fiabilidade foi testada utilizando o método alfa de Cronbach. A população do estudo era constituída por 333 inquiridos, dos quais 53 professores universitários e 280 supervisores de escolas da FCT que participaram na recolha de dados. Os resultados do estudo indicaram que foram identificados oito módulos com as competências correspondentes em que os supervisores dos professores de agricultura necessitavam de melhorar. São eles: 8 competências para planear o ensino, 10 competências para organizar o ensino, 14 competências para implementar o ensino, 8 competências para avaliar o ensino, 18 competências para ajudar os professores a gerir a prática na agricultura, 15 competências para ajudar os professores a manter a relação professor-aluno, 10 competências para ajudar os professores a manter a relação professor-comunidade e 14 competências para ajudar os professores a orientar os alunos para a escolha vocacional e profissional. Recomendou-se que os oito módulos e as competências correspondentes identificadas por este estudo fossem empacotados e utilizados para a formação de novos supervisores recrutados e para a reciclagem dos antigos, a fim de melhorar o seu desempenho no trabalho na FCT.

Num estudo realizado por Miller (2006), sobre as necessidades de aperfeiçoamento profissional dos professores de metalomecânica em escolas superiores de educação no sudoeste da Nigéria, o estudo adoptou um modelo de investigação de inquérito. Foram elaboradas e respondidas três questões de investigação e formuladas e testadas quatro hipóteses nulas a um nível de significância de 0,05. Foi utilizado um questionário estruturado para obter informações dos inquiridos. Este foi validado por 3 peritos. O instrumento foi analisado através da média, do desvio-padrão e do índice de necessidades de melhoria (INI), tendo sido utilizado o teste t para testar a hipótese nula. Os resultados do estudo revelaram que os professores de metalomecânica necessitam das seguintes áreas de competências profissionais (pedagógicas e tecnológicas) para um melhor desempenho no ensino da metalomecânica. Planeamento da instrução - 14 itens, implementação da instrução - 11 itens, avaliação da instrução - 7 itens. Outras áreas são a chapa metálica - 28 itens, a prática da oficina mecânica - 45 itens, a fundição e a forja -

13 itens, a soldadura e o fabrico - 8 itens. Verificou-se também que, das 130 competências identificadas como necessárias para o ensino eficaz da metalomecânica, os professores de metalomecânica necessitam de melhorar 120. O resultado da hipótese testada revela que não houve diferença significativa nas classificações médias das respostas dos inquiridos. Recomenda-se que as áreas de competências profissionais identificadas sejam integradas em programas de reciclagem para professores pelas administrações dos estabelecimentos de ensino superior e pelas agências governamentais, com o objetivo de proporcionar um ensino eficaz da metalomecânica nos estabelecimentos de ensino superior.

Num estudo realizado por Uga (2006) sobre a identificação das necessidades de melhoria das competências profissionais dos agricultores na produção de arroz no estado de Ebonyi, foram desenvolvidas 6 questões de investigação e formuladas 4 hipóteses nulas, que foram testadas ao nível de significância de 0,05 com graus de liberdade relevantes. Foi elaborado um questionário estruturado a partir da literatura revista e desenvolvido para o estudo. O questionário foi aplicado a 138 inquiridos. As mesmas cópias do questionário foram recuperadas e analisadas utilizando a média, o desvio padrão e o índice de exigência de melhoria (IRI) para responder às perguntas da investigação . Foi utilizada a estatística do teste t para testar as hipóteses. As principais conclusões do estudo revelaram que os seguintes itens de competências de trabalho são necessários para o sucesso na produção de arroz: Estabelecimento de viveiros-9 competências; estabelecimento de campos-40 competências; colheita, debulha e joeiramento-19 competências; processamento e armazenamento-58 competências e comercialização-9 competências. Verificou-se que, das 135 competências identificadas como necessárias na produção de arroz, os agricultores precisavam de melhorar 111 delas. Verificou-se também que não havia diferença significativa nas classificações médias das respostas dos produtores de arroz registados e dos agentes de extensão agrícola em 129 dos 135 conhecimentos que os produtores de arroz necessitavam de melhorar na produção de arroz. Tendo em conta o que precede, recomendou-se que os módulos de competências de trabalho identificados e os seus correspondentes itens de competências na produção de arroz fossem agrupados em programas pelo governo e integrados nos centros estatais de aquisição de competências com o objetivo de formar e requalificar os agricultores para uma melhor produção de arroz.

Num estudo realizado por Uko (2010), sobre o pacote de formação em gestão de recursos para licenciados do ensino secundário com vista ao sucesso económico em empresas de produção de óleo de palma no Estado de Akwa Ibom, o investigador utilizou um inquérito e funções de modelos industriais para o estudo. A população do estudo foi de 703 pessoas, incluindo professores de agricultura, agentes de extensão, viveiristas de palmeiras, trabalhadores da produção, transformadores de óleo de palma/caroço e trabalhadores de óleo de palma/caroço. A amostra do estudo é de 466 pessoas. Foram utilizados quatro questionários estruturados com uma escala de 4 respostas para recolher dados dos inquiridos para o estudo. Os questionários foram validados por 5 peritos, 2 do departamento de Formação Profissional de Professores, 2 do departamento de Ciências Agrícolas, todos da Universidade da Nigéria, Nsukka. E um do Nigerian Institute for Oil Palm Research (NIFOR), em Benincity. O método Alfa de Cronbach foi utilizado para determinar a fiabilidade do questionário. Os valores do coeficiente de fiabilidade ($r^2$) de 0,97, 0,88, 0,94 e 0,93 foram obtidos respetivamente para os 4 conjuntos de questionários. O investigador contratou 4 assistentes de investigação com formação para ajudar a administrar os questionários nas 4 empresas respectivas. Os dados foram analisados utilizando a média ponderada e o desvio padrão para responder às questões de investigação e a análise de variância (ANOVA) foi utilizada para testar a hipótese a um nível de significância de 0,05. Os resultados do estudo revelaram que:

1. Cinco módulos com os seus 115 itens de competências correspondentes eram

necessários nas empresas de viveiros de palmeiras.

2. Foram necessários cinco módulos com os 105 itens de competências correspondentes no ensino da gestão de recursos na empresa de plantação de palmeiras.

3. Na empresa de transformação de óleo de palma/kemel, eram necessários cinco módulos com os seus 102 itens de competências correspondentes no ensino da gestão de recursos.

4. Na empresa de comercialização de óleo de palma/kemel eram necessários cinco módulos com os 88 itens de competências correspondentes no ensino da gestão de recursos.

Entre outras, foram feitas as seguintes recomendações:

1. O governo de Akwa-Ibom deve dar instruções à gestão do centro de aquisição de competências para integrar e agrupar módulos de ensino de gestão de recursos nos centros de aquisição de competências.

2. O governo deveria disponibilizar os resultados deste estudo aos meios de comunicação social para divulgação junto do público em geral, incluindo os diplomados do ensino secundário.

3. Os empresários da indústria de produção de óleo de palma no estado devem ter acesso aos itens de competência em gestão de recursos educativos na empresa de óleo de palma identificados no estudo.

Num estudo realizado por Olaitan, Onipede e lawal (2010), sobre as necessidades de melhoria das competências profissionais dos professores de ciências agrícolas para um ensino eficaz dos alunos nas escolas secundárias do estado de Ekiti, duas questões de investigação orientaram o estudo. O estudo recorreu ao design de investigação e melhoria.

A população do estudo era de 258 pessoas e toda a população foi utilizada para o estudo. Para a recolha de dados, foi utilizado um questionário estruturado de itens agrupados por competências. Este foi validado por três peritos. Foi utilizado o método de fiabilidade alfa de Crunbach para determinar a consistência interna do questionário, com um coeficiente de 0,81. Duzentos e cinquenta e oito exemplares do instrumento foram recuperados e analisados utilizando a média ponderada e o índice de necessidades de melhoria (INI) para responder às perguntas da investigação. O estudo revelou que os professores precisavam de melhorar em todas as áreas de ensino do grupo de competências. Concluiu-se também que os professores precisavam de melhorar o ensino das ciências do solo, da produção vegetal, das ciências animais, da engenharia agrícola, das pescas, da economia agrícola e da extensão do currículo das ciências agrícolas. Com base nas conclusões, recomendou-se que os professores deveriam ser requalificados nas áreas identificadas através de seminários e formação em serviço.

Olaitan e Ede (2009) realizaram um estudo para determinar as necessidades de melhoria das competências técnicas dos mecânicos de automóveis com formação informal na manutenção de automóveis modernos. Foram formuladas três questões de investigação para orientar o estudo. Foi utilizado um questionário estruturado para a recolha de dados, que foi devidamente validado por peritos. A população do estudo era constituída por 302 mecânicos de automóveis registados no Estado e foram utilizadas técnicas de amostragem intencionais para selecionar 60 mecânicos de automóveis experientes e 60 menos experientes de doze cidades semi-urbanas e urbanas nos três distritos senatoriais do Estado. Foi utilizado o Alpha de Cronbach para estabelecer a fiabilidade do instrumento. Os dados recolhidos foram analisados utilizando a média e os desvios-padrão para as questões de investigação e o teste t para a hipótese. O resultado da hipótese mostrou que os inquiridos não diferem significativamente nas suas respostas. As conclusões do estudo revelaram que os mecânicos de automóveis não possuem as competências técnicas necessárias para a manutenção de automóveis modernos e, consequentemente, necessitam de melhorar as suas competências. Foram feitas recomendações com base nos resultados do estudo.

Olaitan, Alawa e Ekong (2009), no seu estudo sobre as necessidades de reforço das capacidades dos agricultores para melhorar os nutrientes do solo e aumentar a produção agrícola no estado de Cross-River, na Nigéria, utilizaram três questões de investigação. A população do estudo foi de cinco mil, quinhentos e sessenta (5560) inquiridos, incluindo cinco mil e quinhentos (5500) agricultores registados e sessenta (60) agentes de extensão. A amostra total do estudo foi de trezentos e trinta e cinco (335) inquiridos. Foi utilizada uma amostra proporcional de cinco por cento para obter uma amostra de duzentos e setenta e cinco (275) agricultores registados, enquanto que a subpopulação total de agentes de extensão, que era de sessenta (60), foi utilizada porque era pequena. Foi utilizada uma técnica de amostragem aleatória simples (votação) para obter amostras da população. O instrumento foi validado por três peritos. Dois do departamento de formação profissional de professores (Unidade de Ensino Agrícola) e um do departamento de ciências do solo, todos da Universidade da Nigéria, Nsukka. Para determinar a consistência interna do instrumento, foram adoptados os métodos de fiabilidade "split half" e alfa de Cronbach, tendo sido obtido um coeficiente de fiabilidade de 0,85. Para o estudo, foi utilizado um questionário de 71 itens que abrangia competências em matéria de ensaio e análise do solo, estrume e adubação e aplicação de fertilizantes. O questionário tinha 2 categorias: necessárias e de desempenho. A categoria das necessidades tinha uma escala de resposta de 4 pontos: altamente necessárias (HN), medianamente necessárias (AN), ligeiramente necessárias (SN) e não necessárias (NN), com pontuações correspondentes de quatro, três, dois e um, respetivamente. A categoria de desempenho tinha uma escala de resposta de alto desempenho (HP), desempenho médio (AP), baixo desempenho (LP) e nenhum desempenho (NP) com pontuações correspondentes de 4, 3, 2 e 1, respetivamente. Trezentos e trinta e cinco exemplares do questionário foram aplicados aos inquiridos com a ajuda de três assistentes de investigação, numa base presencial, e recuperados com uma taxa de retorno de cem por cento. Os dados recolhidos foram analisados utilizando a média ponderada e o índice de melhorias necessárias (INI) para responder às questões de investigação. A média ponderada do item relativo às competências necessárias foi representada por N, enquanto a média ponderada do desempenho do inquirido para cada item foi representada por P. A diferença entre as duas médias, ou seja, NP, foi determinada para indicar a diferença de desempenho (PG), que pode ser nula, negativa ou positiva.

a. Uma diferença de zero (0) indica que não há necessidade de reforço das capacidades, porque o nível em que a competência é exigida é o mesmo que o nível em que o agricultor pode atuar.

b. Uma diferença negativa (-) implica que não há necessidade de desenvolvimento de capacidades, porque o nível em que os agricultores podem desempenhar a competência é superior ao nível em que esta é exigida.

c. Um défice de desempenho positivo (+) indica que é necessário reforçar as capacidades, porque o nível em que a competência é exigida é superior ao nível em que o agricultor a pode desempenhar. Esta diferença pode variar entre baixa e média, consoante o valor da diferença de desempenho.

As conclusões deste estudo indicaram que os agricultores necessitam de reforço de capacidades em 58 das 71 áreas de competências em matéria de testes e análises do solo, estrume e adubação e aplicação de fertilizantes para melhorar os nutrientes do solo e aumentar a produção agrícola. O estudo recomendou, por conseguinte, que as competências identificadas em matéria de ensaio e análise do solo, estrume e adubação e aplicação de fertilizantes fossem reunidas e utilizadas para a reciclagem destes agricultores através de workshops e seminários, a fim de os capacitar com competências para melhorar os nutrientes do solo e aumentar a produção agrícola.

Abu (2009) efectuou um estudo sobre as necessidades de melhoria das competências dos agricultores em matéria de conservação do solo no Estado de Kogi; o estudo foi orientado por 7 questões de investigação e 6 hipóteses. O estudo utilizou o método de inquérito. A população do estudo foi de 1044 pessoas, constituída por 834 agricultores registados no Ministério da Agricultura do Estado e 210 agentes de extensão . A amostra do estudo foi de 540. Foi utilizada uma técnica de amostragem aleatória para selecionar 330 agricultores, enquanto toda a população dos agentes de extensão foi envolvida no estudo devido à sua pequena dimensão. Foi utilizado um questionário estruturado composto por duas partes, com 316 itens de competências, para recolher informação dos inquiridos. O questionário era composto por uma escala de resposta de 4 pontos: Altamente Necessário (HN), Medianamente Necessário (AV), Ligeiramente Necessário (SN) e Não Necessário (NN). Também tem uma componente de desempenho de Alto Desempenho (HP), Desempenho Médio (AP), Baixo Desempenho (LP) e Nenhum desempenho. O agente de extensão e os agricultores avaliaram a coluna de necessidades, enquanto que apenas os agricultores avaliaram o desempenho. A média, o desvio padrão e o índice de necessidade de melhoramento (INI) foram utilizados para responder às questões de investigação, enquanto o teste t foi utilizado para testar a hipótese a um nível de significância de 0,05. As conclusões do estudo revelaram que os agricultores necessitavam de 316 competências para as práticas de conservação do solo no Estado de Kogi. Verificou-se também que os agricultores necessitavam de melhorar os módulos a seguir enumerados e as competências correspondentes em matéria de conservação do solo: a) Práticas de mobilização do solo - 14 competências; b) Testes e análises do solo - 82 competências; c) Prevenção e controlo da erosão do solo - 94 competências; d) Gestão - 57 competências; e) Rotação de culturas - 16 competências; e f) Florestação - 53 competências. Verificou-se que não havia diferença significativa nas classificações médias dos agricultores registados e dos agentes de extensão em 214 das 316 competências necessárias aos agricultores para as práticas de conservação do solo. O estudo também concluiu que havia uma diferença significativa nas classificações médias em 102 itens de competência necessários aos agricultores para a conservação do solo no Estado de Kogi. Foram feitas as seguintes recomendações: os itens de competência correspondentes devem ser:

A. Embalado pelo governo e integrado no programa de aquisição de competências para formação e reconversão de agricultores e jovens desempregados.

B. Utilizado pelo professor de agricultura no desenvolvimento de um programa de formação para estudantes que são membros do clube de jovens agricultores e têm interesse na agricultura.

C. Incorporado no currículo das escolas superiores de agricultura para promover o ensino de competências em matéria de conservação do solo.

D. Utilizado na reciclagem de agentes de extensão agrícola através de workshops ou seminários para melhorar as suas competências em matéria de práticas de conservação do solo.

Num estudo realizado por Dibio (2008) sobre as competências necessárias aos professores de agricultura para melhorar o ensino da produção de inhame aos alunos do ensino secundário no Estado de Enugu, o investigador desenvolveu 6 questões de investigação que foram respondidas pelo estudo, enquanto 5 hipóteses nulas foram formuladas e testadas com uma probabilidade de 0,05. O estudo utilizou o método de inquérito. A população do estudo era constituída por 588 professores de agricultura, dos quais 289 do sexo masculino e 299 do sexo feminino. Foi utilizada uma técnica de amostragem aleatória para selecionar uma amostra de 100 professores de agricultura do sexo masculino e 100 do sexo feminino para o estudo. Assim, foi utilizado um total de 200 inquiridos para o estudo e foi utilizado um questionário estruturado para recolher dados para o estudo. 3 peritos validaram o questionário. A fiabilidade do instrumento foi determinada utilizando a fórmula alfa de Cronbach, com um coeficiente de fiabilidade de 0,78. O questionário foi aplicado pelo investigador, com seis assistentes de investigação, a 200 inquiridos. O mesmo número de questionários foi recuperado e analisado utilizando a média ponderada, o desvio padrão e o índice de melhoria necessário para responder à pergunta de investigação, enquanto a estatística do teste t foi utilizada para testar a hipótese com um nível de significância de 0,05 e 198 graus de liberdade. Os resultados do estudo revelaram que os professores de agricultura necessitavam de 5 módulos de competências necessárias e dos itens de competências correspondentes para ensinar eficazmente os alunos do ensino secundário no Estado de Enugu. Foi revelado que os professores de agricultura necessitavam de melhorar o ensino efetivo da produção de inhame nos seguintes módulos e nas competências correspondentes.

A. Operação de pré-plantação -9 competências necessárias.

B. Operação de plantação-11 itens de competência necessários.

C. Operação pós-plantação - 20 competências necessárias

D. Operação pós-colheita - 12 elementos necessários.

E. Métodos e técnicas de ensino-27 itens necessários.

Descobriu-se também que não havia diferença significativa nas classificações médias dos professores de agricultura do sexo masculino e feminino em 69 dos 80 itens de competências necessárias para um ensino eficaz da produção de inhame. O estudo revelou ainda que havia uma diferença significativa em 11 dos 80 itens de competências necessárias aos professores de agricultura para um ensino eficaz da produção de inhame. O estudo recomenda, portanto, que:

1 O Governo do Estado deve agrupar os módulos de competências necessários e os seus itens de competências no financiamento do programa de reciclagem dos professores de

agricultura para lhes permitir melhorar o seu desempenho no trabalho.

2 Os professores de agricultura devem receber formação adicional sobre as competências necessárias identificadas para que possam melhorar as suas competências de produção e para que possam transmitir essas competências aos alunos que estão a ensinar.

Num estudo efectuado por Paiko e Natt (2008) sobre o ensino técnico como garantia de qualidade do mecanismo de reforço das capacidades dos jovens, o investigador utilizou um modelo de investigação de avaliação. A investigação foi efectuada em duas escolas superiores federais, nomeadamente Bichi e Gusan. A população do estudo era de 1 555 pessoas, incluindo estudantes e docentes; foi utilizada uma técnica de amostragem aleatória para selecionar 10% da amostra, ou seja, 155 pessoas, das quais 105 estudantes e 50 docentes. Para a recolha de dados, foi utilizado um questionário com 16 itens, validado por peritos em ensino técnico e investigação. Os dados foram administrados e recolhidos pelo investigador, tendo assim 100% de retorno. A questão de investigação foi analisada utilizando a média e o desvio padrão, qualquer item com uma média de 2,50 acima mostra que é adequado para a garantia da qualidade do professor técnico, enquanto a média abaixo é considerada como não adequada. A hipótese nula foi testada com a estatística do teste t a uma probabilidade de 0,05. Os resultados do estudo revelaram que a garantia da qualidade do ensino técnico para o reforço das capacidades nas nossas escolas superiores de educação é afetada pela qualidade dos professores e dos técnicos das oficinas. Revelou também que o equipamento e os materiais consumíveis são bastante necessários para o desenvolvimento de competências, mas a maior parte deles não estão disponíveis e, quando existem, não são funcionais para a prática dos estudantes. Por conseguinte, o estudo recomendou que

1. Fornecimento de eletricidade para alimentar o equipamento da oficina.

2. Formação industrial de professores técnicos.

3. Financiamento adequado do ensino técnico por todos os níveis de governo, indivíduos e ONGs

Num estudo realizado por Ezema (2008) sobre a melhoria das competências de comunicação entre os professores do ensino técnico nas escolas superiores de educação da Nigéria, o investigador utilizou um modelo de inquérito descritivo para realizar a investigação em todas as escolas superiores de educação que oferecem um programa de ensino técnico até ao NCE. A população do estudo era composta por 736 administradores e professores do ensino técnico e, devido à pequena dimensão da população, foi utilizado o número total. Para a recolha de dados, foi utilizado um questionário composto por 5 itens, estruturado numa escala de likert de cinco pontos: concordo totalmente (SA), concordo (A), indeciso (U), discordo (D) e discordo totalmente (SD). Os dados recolhidos foram analisados utilizando contagens de frequência e média para determinar a resposta à pergunta de investigação, enquanto o teste t foi utilizado para testar a hipótese com um nível de significância de 0,05. Os resultados do estudo revelaram que, entre as necessidades que os professores técnicos desejam satisfazer através da formação em serviço, está a de poderem melhorar as suas capacidades de comunicação. Por conseguinte, foram feitas as seguintes recomendações: na conceção de um programa de formação contínua para professores do ensino técnico, devem ser tomadas medidas para o seguinte

• Melhoria da sua capacidade de leitura

• Polimento da expressão oral dos professores em língua inglesa.

• Exposição dos professores à utilização adequada do computador, com o objetivo principal de lhes permitir obter informações através da Internet.

Num estudo realizado por Amasa (2002), sobre estratégias para melhorar a parceria entre as indústrias e as instituições técnicas para uma formação profissional eficaz no Estado de Kaduna, foram formuladas três questões de investigação em conformidade com o objetivo do estudo e uma hipótese. O estudo adoptou um modelo de inquérito, sendo a população do estudo constituída por 201 gestores e formadores e 273 educadores técnicos de oito centros de formação profissional, duas escolas técnicas e um fundo de formação industrial (ITF). O instrumento de recolha de dados foi um questionário estruturado com 41 itens elaborado pelo investigador. O instrumento foi submetido a uma avaliação de face e de conteúdo por três peritos do departamento de ensino técnico profissional, da UNN e do ITF, a fim de garantir a validade do instrumento. O investigador utilizou o serviço de assistência à investigação para administrar o questionário, 198 das 201 cópias do questionário administradas ao fundo de formação industrial foram devolvidas, formando 98,5% da taxa de retorno, enquanto 228 das 237 cópias administradas aos educadores técnicos foram devolvidas, formando 96,2% da taxa de retorno. Um total de 418 cópias de questionários foi analisado utilizando a estatística média para dar resposta às perguntas de investigação 1, 2 e 3. As respostas das secções A, B e C do instrumento foram analisadas utilizando a estatística da média. Foram envolvidos dois grupos e a média de cada item em cada grupo foi interpretada em relação aos limites reais dos valores atribuídos às categorias de resposta do instrumento. A hipótese foi testada através do teste t com um nível de significância de 0,05. Com base nos dados analisados, foram feitas as seguintes constatações:

1. As parcerias de formação profissional atualmente existentes entre as indústrias e as instituições técnicas não são adequadas para que o pessoal profissional/técnico possa satisfazer as necessidades de recursos humanos da indústria.

2. As indústrias e as escolas devem ser adequadamente ligadas através da utilização de outras estratégias para facilitar uma formação profissional eficaz.

3. A coordenação deve ser efectuada de forma eficaz através da criação e utilização adequada de organismos que se ocupem dos assuntos relacionados com a formação entre

as indústrias e as escolas.

Com base nas conclusões do estudo, uma das recomendações é a seguinte

A ITF, o NBTE e o Ministério do Comércio, da Indústria e do Turismo devem levar a cabo uma campanha maciça de sensibilização para o programa de parceria. Isto dará mais informação à população sobre a necessidade de apoiar o programa. Estes três organismos deveriam organizar uma conferência nacional sobre a parceria escola-indústria, a fim de recolher ideias de peritos nacionais e internacionais.

Bakare (2010) também efectuou um estudo sobre as necessidades de competências de prática de segurança dos estudantes de metalurgia em escolas técnicas no Estado de Ondo. Para o estudo, foi utilizado um modelo de investigação de inquérito. Foi utilizado um questionário estruturado para recolher dados dos inquiridos. Foram desenvolvidas e respondidas quatro questões de investigação e foram formuladas e testadas quatro hipóteses nulas a um nível de significância de 0,05. A média e o desvio-padrão foram utilizados para analisar os dados e responder às perguntas de investigação, enquanto a estatística do teste t foi utilizada para testar as hipóteses de não haver diferença significativa a um nível de significância de 0,05 e 101 graus de liberdade. Verificou-se que todas as competências de prática de segurança identificadas eram necessárias aos estudantes de metalomecânica para um funcionamento eficaz nas oficinas. As competências de prática de segurança identificadas neste estudo devem ser incorporadas no currículo de metalomecânica das escolas técnicas para que os professores as utilizem na formação dos seus alunos.

Num outro estudo efectuado por Uwameiye (2001) sobre a estratégia/método de formação utilizado pelo sistema de aprendizagem indígena nigeriano, nos estados de Delta e Edo. A investigação foi efectuada através de um inquérito. A população deste estudo era constituída por mestres-artesãos, jornaleiros e aprendizes. Em cada um dos dois Estados, foi selecionada uma cidade urbana (Warri no Estado do Delta e Benin no

Estado de Edo) para este estudo. Esta escolha baseou-se na sua natureza cosmopolita, que as tornou muito atractivas para os jovens que para elas migram. A população foi estratificada por profissões específicas. No total, foram utilizadas 16 profissões e ofícios para o estudo. Em cada profissão, 20 mestres-artesãos, 20 jornaleiros e 20 aprendizes foram selecionados aleatoriamente através de um sistema de membros aleatórios. No total, foram utilizados para o estudo 320 mestres-artesãos, 320 jornaleiros e 320 aprendizes. O instrumento utilizado para a recolha de dados foi um questionário com 25 itens; este foi validado por um perito em ensino profissional da Universidade do Benim. O investigador formou 50 assistentes de investigação que foram utilizados na administração do questionário. A informação dos inquiridos foi analisada utilizando a média e o desvio padrão. Os resultados do estudo revelaram que:

1. As orientações de formação dadas aos aprendizes incluem

(a) Introdução aos meios e às utilizações das ferramentas existentes em cada profissão

(b) Partes de máquinas em uso e suas funções

(c) O código de conduta é altamente enfatizado

(d) Boa relação com os clientes

(e) O período de formação varia entre 3 e 5 anos

2. O método de formação inclui:

(a) Na formação de aprendizes, não é utilizado um currículo formal. Os trabalhos em curso, os problemas, as falhas no momento do material determinam o conteúdo do material ensinado.

(b) A aprendizagem através da observação é o principal método adotado no processo de aprendizagem

(c) Os princípios de funcionamento não são explicados

(d)A segurança na oficina é ensinada durante a orientação

3. Técnicas de avaliação

(a)Os clientes determinam o domínio do aprendiz através da aprovação consistente dos serviços prestados pelo aprendiz

(b)A consistência no diagnóstico bem sucedido de falhas/demonstração de competências revela domínio.

(c)A expiração do contrato não significa que o aprendiz está qualificado

Foram feitas as seguintes recomendações para resolver o problema da aprendizagem na estrada.

1. As competências técnicas dos mestres-artesãos e dos operários devem ser melhoradas através de cursos de curta duração, de escolas nocturnas a tempo parcial e de oficinas móveis.

2. Deveriam ser organizadas escolas nocturnas para adultos para aqueles que não têm qualquer educação formal.

3. O programa nacional de aprendizagem do Fundo de Formação Industrial (FFI) deve ser posto em prática através da criação de um centro de formação profissional modelo em cada zona governamental local.

A revisão da literatura empiricamente relacionada orientou o investigador na identificação da metodologia relevante para a realização do estudo, a fim de alcançar os objectivos deste estudo.

Nwachukwu, Bakare e Jika (2009) realizaram um estudo para identificar as competências práticas de segurança laboratorial eficazes exigidas pelos estudantes de eletricidade e eletrónica para um funcionamento eficaz no laboratório das escolas técnicas no Estado de Ekiti. Para o estudo, foi utilizado um modelo de investigação de inquérito. A população do estudo era constituída por 80 professores de eletricidade/eletrónica e trabalhadores do sector da eletricidade e da eletrónica. Foi utilizado um questionário estruturado para recolher dados dos inquiridos. Foram elaboradas e respondidas três questões de investigação e formuladas e testadas três hipóteses nulas a um nível de significância de 0,05. A média e o desvio padrão foram utilizados para analisar os dados e responder às questões de investigação, enquanto o teste t foi utilizado para testar as hipóteses de não haver diferenças significativas a um nível de significância de 0,05 e com 78 graus de liberdade. Verificou-se que todas as competências de prática de segurança identificadas são necessárias aos estudantes de eletricidade e eletrónica das escolas técnicas para um funcionamento eficaz no laboratório. Recomenda-se que todas as competências práticas de segurança identificadas sejam integradas no currículo de eletricidade e eletrónica a nível das escolas técnicas superiores.

Bakare, Aturuka e Adegoke (2010) efectuaram um estudo para determinar as necessidades de aperfeiçoamento dos licenciados de escolas técnicas em mecânica automóvel para emprego na Nigéria moderna. Três questões de investigação orientaram o estudo. Para o estudo, foi utilizado um modelo de inquérito. A população do estudo foi constituída por 50 licenciados em mecânica automóvel de indústrias da área de estudo. Foi utilizado um questionário estruturado para recolher dados dos inquiridos. Para determinar a consistência interna do item do questionário, foi adotado o método da metade dividida, tendo sido obtido um coeficiente de fiabilidade de 0,82. Foram administradas 50 cópias do instrumento. Todas as cópias do instrumento foram recuperadas e analisadas utilizando a média ponderada e o índice de melhorias necessárias (INI). Concluiu-se que os diplomados das escolas técnicas necessitam de melhorar as competências de trabalho identificadas na prática da mecânica de veículos automóveis para poderem trabalhar no Estado de Ekiti. Por conseguinte, recomenda-se que todas as competências de trabalho identificadas sejam agrupadas e integradas no currículo da prática da mecânica automóvel nas escolas técnicas.

Ogbuanya, Bakare e Adelaja (2010) realizaram um estudo sobre as competências mecatrónicas necessárias para a integração no programa de tecnologia de engenharia eléctrica/eletrónica nos institutos politécnicos para o emprego sustentável dos licenciados na Nigéria contemporânea. Para o estudo, foi utilizado um modelo de investigação por inquérito. Duas questões de investigação orientaram o estudo e duas hipóteses nulas foram formuladas e testadas com um nível de significância de 0,05. A população do estudo foi constituída por 350 professores de eletricidade/eletrónica e 50 trabalhadores do sector da eletricidade/eletrónica. Foi utilizada a técnica de amostragem aleatória estratificada para selecionar 125 professores e todo o pessoal do sector elétrico/eletrónico para o estudo. Para recolher os dados dos inquiridos, foi utilizado um questionário estruturado com 56 itens. O instrumento foi validado por sete peritos. Para determinar a fiabilidade dos instrumentos, foram utilizados a técnica da metade dividida e o método alfa de Cronbach, com um coeficiente de 0,83. Cento e setenta e cinco (175) cópias do instrumento foram administradas aos inquiridos pelos investigadores e assistentes de investigação, numa base individual. Todas as cento e setenta e cinco cópias do questionário foram recuperadas e analisadas utilizando a média para responder às perguntas de investigação, enquanto a estatística do teste t foi utilizada para testar as hipóteses de não haver diferença significativa a um nível de significância de 0,05 e 173 graus de liberdade. O estudo concluiu que os conteúdos de mecatrónica e as competências identificadas são necessários para a integração no programa de tecnologia eléctrica/eletrónica nos institutos politécnicos para o emprego sustentável dos licenciados na Nigéria contemporânea. O estudo recomendou que todas as áreas de conteúdo de mecatrónica e competências identificadas fossem integradas no programa de tecnologia eléctrica/eletrónica do ensino politécnico.

Yakubu (2004) também efectuou um estudo sobre as competências práticas de segurança necessárias aos estudantes de carpintaria das escolas técnicas do Estado de Kaduna. Para o estudo, foi utilizado um modelo de inquérito. Foi utilizado um questionário estruturado para recolher dados dos inquiridos. O estudo desenvolveu e respondeu a cinco questões de investigação e formulou e testou quatro hipóteses nulas a um nível de significância de 0,05. A média e o desvio-padrão foram utilizados para analisar os dados e responder às perguntas de investigação, enquanto a estatística do teste t foi utilizada para testar as hipóteses de não haver diferença significativa a um nível de significância de 0,05 e 94 graus de liberdade. Os resultados do estudo indicaram que: 16 competências de prática de segurança eram necessárias para os estudantes de carpintaria na utilização de ferramentas manuais; 20 competências de prática de segurança na utilização de ferramentas eléctricas portáteis; 30 competências de prática de segurança na utilização de máquinas; 10 competências de prática de segurança no manuseamento de materiais de madeira e 10 observâncias de segurança na utilização de guias de instruções de funcionamento também foram identificadas como necessárias para os estudantes de carpintaria. O resultado das hipóteses mostrou que não existia uma diferença significativa entre as classificações médias do grupo de inquiridos sobre as competências de prática de segurança necessárias aos estudantes de carpintaria nas quatro áreas de carpintaria das escolas técnicas do Estado de Kaduna. Recomendou-se que as competências de prática de segurança identificadas neste estudo fossem integradas no currículo de carpintaria das escolas técnicas para que os professores de carpintaria as utilizassem durante a formação dos estudantes de carpintaria.

Noutro estudo sobre as competências em matéria de práticas de segurança, Okparaeke (2004) escreveu sobre as competências em matéria de práticas de segurança necessárias aos estagiários e aos trabalhadores do sector da colocação de blocos e da betonagem na indústria da construção no Estado de Imo, na Nigéria. O estudo adoptou um modelo de investigação por inquérito. Foi utilizado um questionário estruturado para recolher dados

dos inquiridos. Os dados recolhidos foram analisados utilizando a média e o desvio padrão para responder à questão de investigação, enquanto a análise de variância (ANOVA) foi utilizada para testar a hipótese a um nível de significância de 0,05. Os resultados revelaram que os formandos necessitavam de todas as competências práticas de segurança para se desenvolverem na ocupação de assentamento de blocos e betonagem; os empregados não necessitavam de melhorar as competências práticas de segurança na moldagem de blocos; os mesmos empregados necessitavam de competências práticas de segurança em equipamento e máquinas para moldagem de blocos, operações preliminares no local e betonagem, construção de paredes de blocos e acabamento com a utilização de equipamento, máquinas e instalações de segurança.

Bakare (2010) também efectuou um estudo sobre as necessidades de competências de prática de segurança dos estudantes de metalurgia em escolas técnicas no Estado de Ondo. Foram desenvolvidas três questões de investigação e três hipóteses nulas para orientar o estudo. Foi adotado um modelo de investigação de inquérito para o estudo. O instrumento utilizado para a recolha de dados foi um questionário estruturado de 50 perguntas, que foi validado por três peritos. Para determinar a consistência interna dos itens do questionário, foram adoptados a técnica de "split-half" e o método de fiabilidade Alfa de Cronbach. Todas as 80 cópias do instrumento foram recuperadas e analisadas utilizando a média para responder às questões de investigação e as estatísticas do teste t para testar as hipóteses. Concluiu-se que todos os identificaram 50 competências de prática de segurança necessárias aos estudantes de carpintaria para um funcionamento eficaz em oficinas após a conclusão do curso. Por conseguinte, recomendou-se que o atual currículo das escolas técnicas fosse revisto de modo a intensificar o ensino da segurança aos estudantes para a sua prática segura nos laboratórios da escola e nas oficinas após a conclusão do curso; e que as competências identificadas para a prática da segurança no trabalho da madeira fossem agrupadas e utilizadas para a reciclagem de indivíduos já diplomados pelas escolas técnicas através dos centros de aquisição de competências no Estado.

Bakare (2006) também realizou um estudo sobre as competências de prática de segurança necessárias aos estudantes de eletricidade/eletrónica das escolas técnicas do Estado de Ekiti. Para o estudo, foi utilizado um modelo de investigação de inquérito. Foi utilizado um questionário estruturado para recolher dados dos inquiridos. Foram desenvolvidas e respondidas cinco questões de investigação e formuladas e testadas cinco hipóteses nulas a um nível de significância de 0,05. A média e o desvio-padrão foram utilizados para analisar os dados e responder às perguntas de investigação, enquanto a estatística do teste t foi utilizada para testar as hipóteses de não haver diferença significativa a um nível de significância de 0,05. Concluiu-se que todas as competências práticas de segurança identificadas eram necessárias aos estudantes de eletricidade/eletrónica para um funcionamento eficaz nas oficinas. Recomendou-se que todas as competências práticas de segurança identificadas fossem incorporadas no currículo de eletricidade/eletrónica das escolas técnicas.

Asuquo (2007) efectuou uma investigação sobre práticas de segurança e aquisição de competências em laboratórios de escolas técnicas no Estado de Akwa Ibom. O objetivo central do estudo era investigar as práticas de segurança e a aquisição de competências dos estudantes das escolas técnicas do Estado de Akwa Ibom. Foram formuladas sete questões de investigação e hipóteses nulas, que foram testadas com um nível de significância de 0,05. A população do estudo foi constituída por 450 professores técnicos, recolhidos propositadamente em todas as escolas técnicas do Estado. Esta população era constituída por 365 homens e 85 mulheres. Para a recolha de dados, o investigador desenvolveu e utilizou um instrumento denominado "Questionário sobre práticas de segurança e aquisição de competências" (SPSAQ), que abrange as seis principais variáveis independentes do estudo . Para analisar os dados, foi utilizada uma estatística descritiva, o coeficiente de correlação produto-momento de Pearson (PPMC) e a análise de regressão múltipla (ARM). Os resultados do estudo revelaram o seguinte:

(1) Os professores não cumpriram as práticas normais de segurança no laboratório. (2) Os professores forneceram instruções de segurança adequadas aos alunos. (As aptidões/competências dos alunos em redação geral são inferiores aos requisitos de entrada no emprego

Sarkin-Gohir (1994) efectuou um estudo sobre as necessidades de competências pré-serviço para aumentar a empregabilidade dos diplomados das escolas técnicas. O estudo adoptou o método de investigação por inquérito. A população do estudo era constituída por 572 diplomados de escolas técnicas e 339 supervisores. O instrumento de recolha de dados consistiu numa pergunta de 50 itens administrada através de uma amostragem aleatória de 552 diplomados de escolas técnicas e 319 supervisores provenientes de 31 indústrias e 29 estabelecimentos governamentais nos Estados de Kaduna, Kebbi, Níger e Sokoto. Os dados recolhidos foram analisados com recurso à média, à análise de variância unidirecional (ANOVA), ao rácio de correção, ao teste de comparação múltipla de Schaffer e ao coeficiente de correlação produto-momento de Pearson. Os resultados da análise dos dados revelaram que os diplomados das escolas técnicas nas indústrias e nos estabelecimentos públicos estavam dotados de competências académicas e de competências de procura de emprego essenciais para a entrada no mercado de trabalho nos quatro cursos profissionais investigados. O estudo recomendou uma atualização ou substituição por tipos apropriados de instalações, tais como equipamento de oficina, ferramentas e materiais descartáveis para utilização na prática de oficina dos estudantes.

Amoyedo (2007) realizou um estudo sobre as competências de gestão da produção exigidas aos diplomados do ensino secundário para emprego em empresas de cacau no Estado de Ondo. Foi adotado um modelo de investigação de inquérito para o estudo. Foram formuladas quatro questões de investigação e quatro hipóteses nulas, que foram testadas a um nível de significância de 0,05. Foram elaborados quatro conjuntos de questionários a partir da revisão da literatura relacionada. Foram validados por três peritos. O método do coeficiente alfa de Cronbach foi aplicado para determinar a consistência interna dos quatro conjuntos de questionários . A média e o desvio-padrão foram utilizados para responder às questões de investigação, enquanto a estatística do teste t foi utilizada para testar as hipóteses de não significância a um nível de significância de 0,05 e um grau de liberdade relevante. As conclusões do estudo foram as seguintes: sete módulos, com os correspondentes setenta e dois itens de competências, foram exigidos pelos diplomados do ensino secundário para emprego na empresa de viveiros de cacau, oito módulos, com os correspondentes setenta e sete itens de competências, foram exigidos pelos diplomados do ensino secundário para emprego na plantação de cacau, onze módulos, com os correspondentes oitenta e três itens de competências, foram exigidos pelos diplomados do ensino secundário para emprego na empresa de feijões e seis módulos, com os correspondentes oitenta e seis itens de competências, foram exigidos pelos diplomados do ensino secundário para emprego na empresa de comercialização de feijões de cacau no Estado de Ondo. O investigador recomendou que os resultados deste estudo fossem integrados em programas de formação e em centros de aquisição de competências para a formação de diplomados do ensino secundário com vista a um emprego remunerado em qualquer das empresas de cacau no Estado de Ondo.

Akinduro (2006) realizou um estudo sobre as competências de instalação eléctrica e de manutenção necessárias aos diplomados das escolas técnicas para melhorar a sua empregabilidade no Estado de Ondo. Foi adotado um modelo de investigação de inquérito para o estudo. Foram formuladas cinco questões de investigação e cinco hipóteses nulas, que foram testadas com um nível de significância de 0,05. Foi utilizado um questionário estruturado como instrumento de recolha de dados. Foi aplicado o método do coeficiente alfa de Cronbach para determinar a consistência interna do questionário. A média e o desvio-padrão foram utilizados para responder às questões de investigação, enquanto a estatística do teste t foi utilizada para testar as hipóteses de não significância a um nível de significância de 0,05 e um grau de liberdade relevante. O estudo concluiu que as competências identificadas para o trabalho de instalação e manutenção eléctrica eram necessárias aos diplomados das escolas técnicas. Foi recomendado que todas as competências de trabalho identificadas fossem integradas no currículo das escolas técnicas para formação dos estudantes.

Os estudos empíricos analisados acima estão relacionados com o presente estudo em termos de conceção do estudo, ferramentas estatísticas utilizadas para determinar a consistência interna do instrumento, método de recolha e análise de dados. No entanto, nenhum estudo incidiu diretamente sobre as necessidades de competências técnicas dos professores de carpintaria e marcenaria nas escolas técnicas dos Estados do Norte da Nigéria.

**Resumo da revisão da literatura relacionada**

A literatura analisada para o estudo abrange abordagens à identificação das necessidades de competências técnicas dos professores, tais como a abordagem de análise de funções, a análise de tarefas, a abordagem modular e a abordagem baseada em competências. Foram revistos os trabalhos de vários autores sobre carpintaria e marcenaria como profissão em escolas técnicas. Foram também analisadas as necessidades de competências técnicas dos professores em carpintaria, cofragem, caixilharia, processamento de madeira, maquinagem de madeira e AUTOCAD. A teoria da avaliação das necessidades e a teoria do ensino profissional também foram analisadas. As duas teorias também foram consideradas muito relevantes para apoiar este estudo. Foram revistos muitos estudos empíricos considerados relevantes para este estudo. Foram encontrados estudos relacionados com este estudo, mas nenhum diretamente sobre as necessidades de competências técnicas dos professores de carpintaria e marcenaria nas escolas técnicas dos Estados do Norte da Nigéria. A revisão da literatura relacionada ajudará o presente investigador a concetualizar o tópico, a escolher o desenho de investigação adequado, o método de recolha de dados e o método de análise de dados para o estudo. O presente estudo fornecerá informações actualizadas sobre as necessidades de competências técnicas dos professores de carpintaria e marcenaria nas escolas técnicas dos Estados do Norte da Nigéria.

# CAPÍTULO 3

## METODOLOGIA

Este capítulo descreve os procedimentos adoptados para a realização do estudo. Está organizado de acordo com os seguintes subtítulos: conceção do estudo, área do estudo, população do estudo, amostra e técnica de amostragem, instrumento de recolha de dados, validação do instrumento, fiabilidade do instrumento, método de recolha de dados e método de análise dos dados.

**Conceção do estudo**

O estudo adoptou um modelo de investigação de inquérito. Na opinião de Ali (2006), a conceção de um estudo de inquérito é um estudo descritivo que utiliza uma amostra de uma investigação para documentar, descrever e explicar o que existe ou não existe no estado atual dos fenómenos que estão a ser investigados. Ali afirmou ainda que, no estudo de inquérito, as opiniões e os factos são recolhidos através de questionários, entrevistas, entre outros, analisados e utilizados para responder às perguntas da investigação. Nworgu (1991) afirmou que a conceção de inquérito é aquela em que um grupo de pessoas ou itens é estudado através da recolha e análise de dados de apenas algumas pessoas ou itens considerados representativos de todo o grupo. Por conseguinte, o modelo era adequado para este estudo, uma vez que os dados foram recolhidos através de um questionário junto de professores de carpintaria/joalharia, sobre as competências necessárias para melhorar o seu desempenho no ensino.

**Área do estudo**

O estudo abrangeu as escolas técnicas com cursos de carpintaria/joalharia nos dezanove estados que constituem a zona norte da Nigéria. Estes são os Estados de Adamawa, Bauchi, Benue, Borno, Gombe, Jigawa, Kaduna, Kano, Katsina, Kebbi, Kogi, Kwara, Nassarawa, Níger, Plateau, Sokoto, Taraba, Yobe e Zamfara. Na sessão académica de

2006/2007, havia um total de sessenta e sete (67) escolas técnicas nos estados do norte da Nigéria, todas elas com cursos de carpintaria/joalharia (NBTE, 2008).

**População do estudo**

Todos os professores que leccionam carpintaria e marcenaria em escolas técnicas nos dezanove estados (19) do Norte da Nigéria constituíram a população do estudo. Existem sessenta e nove (69) escolas técnicas nos dezanove estados do Norte da Nigéria. Também há duzentos e vinte e um (221) professores de carpintaria e joalharia nos dezanove estados do Norte da Nigéria em junho de 2008 (NBTE, 2009).

**Instrumento de recolha de dados**

O instrumento de recolha de dados foi um questionário estruturado. Os itens do questionário foram elaborados após uma extensa revisão da literatura disponível sobre as necessidades de competências técnicas dos professores de carpintaria e de joalharia nas escolas técnicas. Os itens do questionário estão organizados de acordo com as questões de investigação desenvolvidas para orientar o estudo. O questionário foi dividido em seis secções: A, B, C, D, E, F, G e H. A secção A contém itens destinados a obter informações pessoais dos inquiridos. A secção B foi concebida para determinar as necessidades de melhoria das competências técnicas dos professores de carpintaria e de marcenaria. A secção C destina-se a obter informações sobre as necessidades de melhoria das competências técnicas dos professores de carpintaria e de marcenaria no domínio da cofragem. A secção D procura obter informações sobre as necessidades de melhoria das competências técnicas dos professores de carpintaria e de marcenaria no domínio da moldura. A secção E debruçava-se sobre as necessidades de melhoria das competências técnicas dos professores de carpintaria e marcenaria no processamento da madeira, a secção F centrava-se nas necessidades de melhoria das competências técnicas dos professores de carpintaria e marcenaria na maquinação da madeira, enquanto a secção G procurava informações sobre as necessidades de melhoria das competências técnicas dos professores de carpintaria e marcenaria no AUTOCAD. O questionário tem duas categorias de escalas de resposta: a escala necessária e a escala de desempenho. A categoria das necessidades baseia-se numa escala de 5 pontos com os seguintes valores nominais

| | | |
|---|---|---|
| Muito necessário | - VHN _ | 4.50-5.00 |
| Altamente necessário | - HN _ | 3.50-4.49 |
| Moderadamente necessário | - MN _ | 2.50-3.49 |
| Ligeiramente necessário | - SN _ | 1.50-2.49 |
| Não é necessário | - NN_ | 0.50-1.49 |

A categoria de desempenho também se baseia numa escala de 5 pontos atribuída da seguinte forma:

| | | |
|---|---|---|
| Desempenho muito elevado | - VHP _ | 4.50- 5.00 |
| Alto desempenho | - HP _ | 3.50- 4.49 |
| Desempenho moderado | - MP _ | 2.50- 3.49 |
| Baixo desempenho | - LP _ | 1.50- 2.49 |
| Sem desempenho | - NP _ | 0.50- 1.49. |

**Validação do instrumento**

O instrumento foi validado por três peritos da Escola Superior de Educação Tecnológica, Universidade Abubakar Tafawa Balewa, Bauchi. Os validadores receberam uma cópia de cada questionário para verificar a clareza dos itens, a pertinência e a cobertura total do instrumento para a recolha de dados. Foi-lhes também pedido que apresentassem sugestões para melhorar o instrumento de modo a cumprir o objetivo do estudo. As suas correcções e sugestões foram incorporadas na cópia final do questionário que foi utilizada no estudo.

**Fiabilidade do instrumento**

O método do coeficiente Alfa de Cronbach foi utilizado para determinar a consistência interna do instrumento. Foi obtido através da aplicação de um único teste a 20 professores de carpintaria e marcenaria em escolas técnicas nos Estados de Kogi e Benue. Os dados obtidos a partir de da administração do questionário foram analisados utilizando a versão 16 do Statistical Package for Social Science (SPSS). Os coeficientes de fiabilidade de 0,81, 0,89, 0,79, 0,88, 0,82 e 0,88 foram obtidos para as secções B, C, D, E, F e G, respetivamente.

**Método de recolha de dados**

As cópias do questionário foram administradas aos inquiridos pelo investigador com a ajuda de dezanove assistentes de investigação, um para cada um dos estados. Os assistentes de investigação receberam formação sobre a forma de administrar o instrumento, de modo a garantir um manuseamento seguro e a devolução completa do instrumento. Previa-se uma taxa de retorno de cem por cento.

**Método de análise de dados**

Os dados recolhidos foram analisados utilizando a média e o índice de melhorias necessárias (INI) para responder às questões de investigação, enquanto o teste t foi utilizado para testar as hipóteses a um nível de significância de 0,05.

As necessidades de melhoria foram determinadas da seguinte forma:

1. A média (Xn) da categoria necessária foi determinada para cada item.

2. A média (Xp) da categoria Desempenho foi determinada para cada item.

3. A diferença de desempenho (PG) foi determinada encontrando a diferença entre os

valores das duas médias. Ou seja, Xn - Xp = PG.

Quando o PG é zero, significa que as competências técnicas não são necessárias para esse item, porque o nível em que os professores realizam a competência é igual ao nível em que a competência é necessária. Quando o PG é negativo (-), significa que a competência técnica não é necessária para esse item porque o nível em que os professores realizam a competência é superior ao nível em que é necessária. Quando o PG é positivo (+), significa que a competência técnica é necessária porque o nível em que os professores realizam a competência é inferior ao nível em que é necessária (Olaitan e Ndomi in Ellah (2007).

Na tomada de decisão sobre a necessidade, qualquer item com uma média de 3,50 e superior foi considerado altamente necessário, 2,50 - 3,49 foi considerado moderadamente necessário, enquanto qualquer item com uma média inferior a 1,50 foi considerado não necessário, enquanto para o desempenho, qualquer item com uma média de 3,50 e superior foi considerado de alto desempenho, 2,50 - 3,49 foi considerado de desempenho moderado, enquanto qualquer item com uma média inferior a 1,50 foi considerado sem desempenho. Para as hipóteses, se o t-calculado for superior ao t-tabela, as hipóteses nulas foram rejeitadas, mas se o t-cal for inferior ao t-tabela, as hipóteses nulas foram aceites.

# CAPÍTULO 4

## APRESENTAÇÃO E ANÁLISE DOS DADOS

Este capítulo apresenta os dados recolhidos e analisados para o estudo. Os dados analisados foram utilizados para responder às questões de investigação formuladas no estudo.

**Questão de investigação 1**

Quais são as caraterísticas demográficas dos professores de carpintaria e marcenaria nas escolas técnicas dos Estados do Norte da Nigéria?

Os dados para responder à questão de investigação 1 são apresentados no Quadro 1

**Frequências e Percentagens das Caraterísticas Demográficas dos Professores de Carpintaria e Marcenaria nos Estados do Norte da Nigéria**

| CARACTERÍSTICAS DEMOGRÁFICAS | FREQUÊNCIA | PERCENTAGEM (%) |
|---|---|---|
| **A. Género** | | |
| (i) Homem | 190 | 85.97 |
| (ii) Feminino | 31 | 14.02 |
| **C. Anos de experiência no ensino** | | |
| 0-5 anos | 121 | 54.75 |
| 6 anos ou mais | 100 | 45.25 |
| **D. Habilitações literárias/Qualificações** | | |
| NCE | 78 | 35.29 |
| HND | 32 | 14.48 |
| BSC | 94 | 42.53 |
| Msc.Ed | 14 | 6.33 |
| Doutoramento | 3 | 1.35 |
| **E. Propriedade da escola** | | |
| Escolas Técnicas Federais | 19 | 8.59 |
| Faculdades técnicas estaduais | 201 | 90.95 |
| Escolas técnicas privadas | 1 | 0.45 |

O quadro 1 mostra que 85,97% e 14,02% dos inquiridos eram homens e mulheres, respetivamente. Os inquiridos que tinham 0-5 anos de experiência e 6 anos e mais tinham 54,75 e 45. 25%, respetivamente. Cinquenta e quatro por cento dos inquiridos tinham 0-5 anos de experiência, enquanto 6. As percentagens de NCE, HND, B.Sc, M.Sc. Ed e

Ph.D. foram de 35,29%, 14,48%, 42,53%, 6,33% e 1,35%, respetivamente. Além disso, 8,59% dos inquiridos leccionaram em escolas técnicas federais, 90,95 leccionaram em escolas técnicas estatais e apenas 0,45% leccionaram em escolas técnicas privadas. As percentagens de inquiridos solteiros, casados, divorciados e viúvos foram de 75,78%, 17,19%, 4,69% e 2,34%, respetivamente. 32,03% dos inquiridos frequentaram o primeiro ciclo do ensino secundário, enquanto 67,97% dos inquiridos frequentaram o último ciclo do ensino secundário. 15,63% dos inquiridos tinham formação e estavam empregados, 21,09% tinham formação e estavam desempregados e 63,28% não tinham formação e estavam desempregados.

**Questão de investigação 2**

Quais são as necessidades de melhoria das competências técnicas dos professores de carpintaria e de marcenaria no domínio da marcenaria?

Os dados para responder à questão de investigação 2 são apresentados no Quadro 2

**Quadro 2**

**Análise da Lacuna de Desempenho das Classificações Médias das Respostas dos Professores de Carpintaria e Marcenaria sobre as Necessidades de Melhoria das Competências Técnicas dos Professores de Carpintaria e Marcenaria em Marcenaria**          N = 221

| S/N | Itens de competência técnica | $\overline{X_n}$ | $\overline{X_P}$ | PG $\overline{X_r}$-$\overline{X_P}$ | Observações |
|---|---|---|---|---|---|
| 1 | Observar as precauções necessárias para a realização de trabalhos de carpintaria | 3.09 | 3.40 | -0.30 | DCI |
| 2 | Selecionar ferramentas e equipamentos adequados para trabalhos de carpintaria | 3.32 | 2.87 | 0.45 | IN |
| 3 | Identificar a madeira adequada para trabalhos de carpintaria | 3.20 | 2.52 | 0.67 | IN |
| 4 | Construir um armário simples ou um rodapé | 3.27 | 3.18 | 0.09 | IN |
| 5 | Conceber corretamente a caixa do automóvel enquadrada | 3.05 | 2.49 | 0.56 | IN |
| 6 | Construir uma mala de carro com moldura | 3.27 | 2.83 | 0.44 | IN |
| 7 | Aplicar as ferramentas adequadas para a construção de gavetas para mesas e armários | 3.70 | 3.07 | 0.63 | IN |
| 8 | Construir um móvel com encaixe, encaixe de batente, encaixe de cauda de andorinha e encaixe de face nua | 3.56 | 2.85 | 0.70 | IN |
| 9 | Preparar as superfícies antes do acabamento | 3.27 | 2.92 | 0.34 | IN |

| 10 | Aplicar acabamentos de base, como tintas a óleo, verniz francês, utilizando goma de pulverização | 3.30 | 3.27 | 0.03 | IN |
| 11 | Aplicar ferramentas eléctricas portáteis e máquinas para construir um projeto de caixa de carro emoldurada | 3.10 | 3.00 | 0.10 | IN |
| 12 | Construir o caixilho da porta de acordo com as especificações | 3.40 | 3.05 | 0.35 | IN |
| 13 | Preparar o caixilho da janela de acordo com as especificações | 3.35 | 2.65 | 0.70 | IN |
| 14 | Efetuar medições precisas ao fazer caixilhos de janelas e portas | 2.09 | 2.90 | -0.81 | DCI |
| 15 | Realizar experiências para determinar o poder de espalhamento, o tempo de secagem e a permeabilidade das amostras de tinta | 2.90 | 2.45 | 0.45 | IN |
| 16 | Fixar corretamente os caixilhos das janelas acabados | 2.93 | 2.85 | 0.08 | IN |
| 17 | Instalar corretamente os caixilhos das portas | 3.45 | 2.81 | 0.64 | IN |

Chaves: IN - Melhoria necessária

INN- Melhoria Não Necessária

Os dados da Tabela 2 revelaram que 15 dos 17 itens tinham valores de diferença de desempenho que variavam entre 0,03 e 0,70 e eram positivos, indicando que os professores de carpintaria e marcenaria precisam de melhorar 15 competências técnicas em marcenaria. Dois dos 17 itens de competências técnicas têm uma diferença de desempenho negativa de -0,30 e -0,81, o que indica que os professores de carpintaria e de marcenaria não precisam de melhorar os dois itens. De um modo geral, os professores de carpintaria e de marcenaria precisam de melhorar todas as 17 competências técnicas em marcenaria, mas dão menos ênfase aos dois itens com valores negativos de diferença de desempenho.

**Questão de investigação 3**

Quais são as necessidades de melhoria das competências técnicas dos professores de carpintaria e de marcenaria no domínio da cofragem?

Os dados para responder à questão de investigação 3 são apresentados no Quadro 3

**Quadro 3**

**Análise da lacuna de desempenho das classificações médias das respostas dos professores de carpintaria e de marcenaria sobre as necessidades de melhoria das competências técnicas dos professores de carpintaria e de marcenaria no domínio da cofragem** **N = 221**

| S/N Itens de competência técnica | $\overline{X_n}$ | $\overline{X_P}$ | PG $\overline{X_r}$-$\overline{X_P}$ | Observações |
|---|---|---|---|---|
| 1. Respeitar as precauções de segurança necessárias quando se trabalha com formas | 3.03 | 3.67 | -0.63 | DCI |
| 2. Esboçar ou desenhar pormenores de construção de cofragens para vigas, pavimentos, tectos e lintéis | 3.54 | 2.60 | 0.94 | IN |
| 3. Construir vários tipos de cofragem sem erros | 3.58 | 2.90 | 0.67 | IN |
| 4. Estabelecer perfis geométricos de cofragem para pilares e paredes cofragem, cofragem suspensa para pavimentos e coberturas | 3.36 | 2.98 | 0.38 | IN |
| 5. Construir corretamente as vigas do chão e do teto | 3.58 | 2.63 | 0.94 | IN |
| 6. Construir andaimes de madeira e de metal até 6 metros de altura | 3.47 | 3.03 | 0.43 | IN |
| 7. Montar andaimes de madeira e metálicos de várias alturas | 3.60 | 2.45 | 1.14 | IN |
| 8. Manter o andaime em boas condições de funcionamento | 3.30 | 3.07 | 0.23 | IN |
| 9. Utilizar um esboço para ilustrar a parte do andaime e as suas funções | 3.32 | 2.71 | 0.61 | IN |
| 10. Aplicar todas as normas de segurança em vigor na construção | 3.43 | 3.49 | -0.05 | DCI |
| 11. Construir um degrau e uma escada em madeira | 3.65 | 3.43 | 0.21 | IN |
| 12. Selecionar e utilizar a madeira nigeriana adequada para a cofragem | 3.38 | 2.58 | 0.80 | IN |
| 13. Determinar as dimensões dos andaimes | 3.47 | 2.53 | 0.93 | IN |
| 14. Determinar o tamanho da madeira utilizada para o degrau e a escada | 3.41 | 3.20 | 0.21 | IN |
| 15. Aplicar todas as normas de segurança em vigor na montagem, manutenção e utilização de andaimes | 3.49 | 3.43 | 0.05 | IN |
| 16 Construir cofragens para, pelo menos, dois dos elementos de betão | 3.25 | 2.61 | 0.63 | IN |
| 17 Descobrir a cofragem para, pelo menos, dois dos betões | 3.43 | 3.01 | 0.41 | IN |
| 18 Cumprir os requisitos para a construção de cofragens adequadas | 3.14 | 2.69 | 0.45 | IN |
| 19 Demonstrar o procedimento de construção de cofragens | 3.16 | 3.03 | 0.12 | IN |
| 20 Construir corretamente o lintel e a parede | 3.34 | 2.19 | 1.15 | IN |

Os dados da Tabela 3 revelaram que 18 dos 20 itens tinham valores de diferença de desempenho que variavam entre 0,05 e 1,15 e eram positivos, indicando que os professores de carpintaria e de caixilharia precisam de melhorar 18 competências técnicas na cofragem. Dois dos 20 itens têm uma diferença de desempenho negativa de -0,63 e -0,05, indicando que os professores de carpintaria e de marcenaria não precisam de melhorar os dois itens de competências técnicas. De um modo geral, os professores de carpintaria e de caixilharia precisam de melhorar todas as 20 competências técnicas no domínio da cofragem, mas dão menos ênfase aos dois itens com valores negativos de diferença de desempenho.

**Questão de investigação 4**

Quais são as necessidades de melhoria das competências técnicas dos professores de carpintaria e de marcenaria no domínio do enquadramento?

Os dados para responder à pergunta de investigação 4 são apresentados no Quadro 4

**Quadro 4**

**Análise da lacuna de desempenho das classificações médias das respostas dos professores de carpintaria e de marcenaria sobre as necessidades de melhoria das competências técnicas dos professores de carpintaria e de marcenaria no domínio da caixilharia     N = 221**

| S/N Itens de competência técnica | $\overline{X_n}$ | $\overline{X_p}$ | PG $\overline{X_r}-\overline{X_p}$ | Observações |
|---|---|---|---|---|
| 1. Respeitar as medidas de segurança necessárias para os trabalhos de caixilharia | 3.43 | 3.72 | -0.29 | DCI |
| 2. Desenhar diagramas de linhas dos quatro tipos de pavimentos | 3.45 | 2.89 | 0.56 | IN |
| 3. Classificar os pavimentos em vários grupos | 3.32 | 2.91 | 0.41 | IN |
| 4. Selecionar os materiais e ferramentas adequados para os trabalhos de caixilharia | 3.30 | 3.05 | 0.25 | IN |
| 5. Preparar corretamente as vigas do pavimento | 3.63 | 3.27 | 0.36 | IN |
| 6. Colocar as vigas do pavimento/plataforma de acordo com as especificações | 3.70 | 3.03 | 0.67 | IN |
| 7. Fixar as escoras às vigas do pavimento ou da plataforma | 3.54 | 3.39 | 0.15 | IN |
| 8. Aparar as aberturas no chão para receber escadas, alçapões e portas | 3.45 | 2.92 | 0.52 | IN |
| 9. Fixar corretamente o pavimento à viga ou à sub-base | 3.50 | 2.63 | 0.87 | IN |
| 10. Demonstrar os métodos de corte da abertura do pavimento | 3.52 | 2.87 | 0.65 | IN |
| 11. Aplicar um acabamento adequado com verniz, polimento ou ladrilhos de PVC | 3.49 | 2.89 | 0.60 | IN |
| 12. Utilizar um esboço para explicar o método de construção de juntas na colocação de tábuas de soalho | 3.54 | 2.85 | 0.69 | IN |
| 13. Custear corretamente o pavimento de um projeto típico | 3.65 | 2.89 | 0.76 | IN |
| 14. Selecionar a madeira e outros materiais adequados para a construção de divisórias | 3.52 | 3.07 | 0.45 | IN |
| 15 Instalação e acabamento de caixilhos de portas e janelas e de portas de correr. | 3.70 | 3.16 | 0.54 | IN |

| | | | | | |
|---|---|---|---|---|---|
| 16 | Aplicar as precauções de segurança adequadas ao efetuar a instalação | 3.50 | 3.01 | 0.49 | IN |
| 17 | Preparar os materiais ou componentes dos elementos das asnas de telhado | 3.58 | 3.14 | 0.43 | IN |
| 18 | Construir uma treliça de telhado para suportar os revestimentos do telhado | 3.60 | 3.21 | 0.38 | IN |
| 19 | Montar uma armação de telhado para suportar os revestimentos do telhado | 3.01 | 2.90 | 0.10 | IN |
| 20 | Esboço de pormenores dos elementos de disposição do teto no beiral de um telhado inclinado | 3.61 | 2.87 | 0.74 | IN |
| 21 | Construir um revestimento de teto e uma bateria | 3.47 | 3.00 | 0.47 | IN |
| | Instalar um revestimento de teto e ripas | 3.10 | 3.05 | 0.05 | IN |
| 22 | Aparar aberturas num teto e fazer os acabamentos necessários | 3.59 | 2.83 | 0.75 | IN |
| 23 | Desenhar a planta e o alçado de uma janela de batente, incluindo os pormenores | 3.59 | 2.80 | 0.79 | IN |
| 24 | Recortar e preparar os mensageiros do aro, do batente e das contas | 3.61 | 2.52 | 1.09 | IN |
| 25 | Colocar e manusear o batente | 3.48 | 2.96 | 0.52 | IN |

Os dados do Quadro 4 revelaram que um dos 25 itens de competências técnicas apresentava valores de diferença de desempenho que variavam entre 0,05 e 1,09 e eram positivos, indicando que os professores de carpintaria e de marcenaria precisam de melhorar 24 competências no enquadramento. Um dos 25 itens apresentou uma diferença de desempenho negativa de -0,29, indicando que os professores de carpintaria e de marcenaria não precisam de melhorar apenas um item de competência. De um modo geral, os professores de carpintaria e de marcenaria precisam de melhorar todas as 25 competências técnicas no domínio do enquadramento , mas concentram-se menos no único item com valores negativos de diferença de desempenho.

**Questão de investigação 5**

Quais são as necessidades de melhoria das competências técnicas dos professores de carpintaria e de marcenaria no sector da transformação da madeira?

Os dados para responder à pergunta de investigação 5 são apresentados no Quadro 5

**Quadro 5**

**Análise da Lacuna de Desempenho das Classificações Médias das Respostas dos Professores de Carpintaria e Marcenaria sobre as Necessidades de Melhoria das Competências Técnicas dos Professores de Carpintaria e Marcenaria no Processamento da Madeira     N = 221**

| S/N | Itens de competência técnica | $\overline{X_n}$ | $\overline{X_p}$ | PG $\overline{X_r}$-$\overline{X_p}$ | Observações |
|---|---|---|---|---|---|
| 1. | Observar as precauções de segurança necessárias durante o tratamento da madeira | 2.72 | 3.14 | -0.41 | DCI |
| 2 | Identificar as ferramentas e o equipamento necessários para a transformação da madeira | 3.60 | 2.89 | 0.71 | IN |
| 3 | Adotar os procedimentos necessários para a preparação da madeira plana e esquadriada | 3.74 | 2.89 | 0.85 | IN |
| 4 | Aplicar corretamente as ferramentas e o equipamento de transformação da madeira | 3.21 | 2.89 | 0.32 | IN |
| 5 | Respeitar os requisitos básicos de uma boa articulação | 2.98 | 3.05 | -0.07 | IN |
| 6 | Preparar a madeira plana e esquadriada de acordo com as especificações | 3.31 | 3.09 | 0.22 | IN |
| 7 | Preparar corretamente as juntas da caixa do automóvel | 3.45 | 3.18 | 0.27 | IN |
| 8. | Construir corretamente vários tipos de juntas | 3.22 | 2.96 | 0.26 | IN |
| 9 | Utilizar vários tipos de dispositivos de fixação | 3.39 | 2.90 | 0.48 | IN |
| 10 | Colocar e fixar corretamente vários tipos de dispositivos de fixação | 3.43 | 3.05 | 0.37 | IN |
| 11 | Efetuar corretamente as juntas de alongamento ou de extremidade | 3.54 | 2.81 | 0.72 | IN |
| 12 | Preparar corretamente as juntas de alargamento ou de bordadura | 3.60 | 2.94 | 0.65 | IN |
| 13 | Demonstrar o procedimento para efetuar a construção das juntas | 3.41 | 3.03 | 0.38 | IN |
| 14 | Fixar vários tipos de portas | 3.60 | 3.10 | 0.50 | IN |
| 15 | Cortar formas irregulares, como denteados, encaixes e espigas, utilizando ferramentas manuais eléctricas portáteis | 3.23 | 2.90 | 0.32 | IN |
| 16 | Efetuar operações de perfuração e de encaixe com berbequins portáteis | 3.14 | 2.94 | 0.20 | IN |
| 17 | Efetuar operações de acabamento com lixadeiras de acabamento | 3.34 | 2.80 | 0.54 | IN |
| 18 | Montar e desmontar corretamente a lâmina de serra | 3.50 | 2.96 | 0.54 | IN |
| 19 | Fixar corretamente a faca de corte | 3.23 | 2.78 | 0.45 | IN |
| 20 | Ajustar corretamente a lâmina de corte | 2.89 | 3.56 | -0.67 | DCI |

Os dados da Tabela 5 mostram que 17 dos 20 itens de competência em transformação da madeira apresentaram valores de diferença de desempenho que variaram entre 0,26 e 0,71 e foram positivos, indicando que os professores precisam de melhorar 17 competências em transformação da madeira. Três dos 20 itens de competência tiveram uma diferença de desempenho negativa de -0,41, -0,07 e -0,67, indicando que os professores de carpintaria e marcenaria não precisam de melhorar os 17 itens de competência técnica. De um modo geral, os professores precisam de melhorar todas as 20 competências técnicas na transformação da madeira, mas dão menos ênfase aos três itens com valores negativos de diferença de desempenho.

**Questão de investigação 6**

Quais são as necessidades de melhoria das competências técnicas dos professores de carpintaria e de joalharia no domínio da maquinagem da madeira?

Os dados para responder à questão de investigação 6 são apresentados no Quadro 6

**Quadro 6**

**Análise da Lacuna de Desempenho das Classificações Médias das Respostas dos Professores de Carpintaria e Marcenaria sobre as Necessidades de Melhoria das Competências Técnicas dos Professores de Carpintaria e Marcenaria em Maquinagem de Madeira**     N = 221

| S/N Itens de competência técnica | $\overline{X_n}$ | $\overline{X_P}$ | PG $\overline{X_r}$-$\overline{X_P}$ | Observações |
|---|---|---|---|---|
| 1 Respeitar as precauções de segurança necessárias durante a maquinagem | 3.68 | 3.78 | -0.10 | DCI |
| 2 Estar bem acordado e alerta quando se trabalha com máquinas para trabalhar madeira | 3.55 | 3.56 | -0.01 | DCI |
| 3 Selecionar o tamanho e o tipo de ferramentas adequados para o trabalho a realizar | 3.72 | 3.78 | -0.06 | DCI |
| 4 Iniciar com êxito as máquinas para trabalhar madeira | 3.88 | 2.45 | 1.43 | IN |
| 5 Operar máquinas de carpintaria para efetuar diversas operações de carpintaria e de marcenaria | 3.67 | 3.03 | 0.63 | IN |
| 6 Ajustar a lâmina ou o gume de corte antes de qualquer operação na oficina | 3.23 | 2.88 | 0.35 | IN |
| 7 Montar a peça de trabalho num torno, pinça ou suporte especial quando se trabalha com cinzéis, serras, etc. | 3.32 | 2.67 | 0.65 | IN |
| 8 Manter uma velocidade normal durante o trabalho com as ferramentas para evitar lesões | 3.45 | 2.79 | 0.66 | IN |
| 9 Testar a funcionalidade da máquina de trabalhar madeira antes de a utilizar | 3.23 | 2.45 | 0.78 | IN |
| 10 Fixar as protecções, vedações e outros elementos de proteção das máquinas para trabalhar madeira antes da maquinagem | 3.54 | 2.60 | 0.94 | IN |
| 11 Manter uma distância mínima entre a mão e a máquina durante o seu funcionamento | 3.01 | 2.33 | 0.68 | IN |
| 12 Utilizar corretamente gabaritos e dispositivos para projectos | 3.58 | 2.90 | 0.67 | IN |
| 13 Seguir o procedimento normal de arranque e de paragem | 3.56 | 2.99 | 0.57 | IN |

quando se opera uma máquina de trabalhar madeira

| | | | | | |
|---|---|---|---|---|---|
| 14 | Demonstrar métodos corretos de fixação de acessórios | 3.36 | 2.98 | 0.38 | IN |
| 15 | Manter o resguardo e o dispositivo anti-retrocesso em posição | 3.45 | 2.46 | 0.99 | IN |
| 16 | Desmontar máquinas/ferramentas que tenham partes amovíveis | 3.58 | 2.63 | 0.94 | IN |
| 17 | Montar corretamente ferramentas de carpintaria e de marcenaria que tenham partes amovíveis | 3.67 | 3.73 | -0.06 | DCI |
| 18 | Efetuar a manutenção de rotina das máquinas para trabalhar madeira de acordo com o fabricante | 3.47 | 3.03 | 0.43 | IN |
| 19 | Aplicar ferramentas manuais eléctricas portáteis para executar tarefas simples de carpintaria e de marcenaria | 3.60 | 2.45 | 1.14 | IN |
| 20 | Inspecionar todas as máquinas eléctricas portáteis para verificar se têm ligação à terra e fusíveis adequados antes de as utilizar | 3.30 | 3.07 | 0.23 | IN |
| 21 | Efetuar a manutenção regular de máquinas eléctricas portáteis, quando necessário | 3.32 | 2.71 | 0.61 | IN |
| 22 | Colocar a fresa na máquina de planeamento | 3.49 | 3.43 | 0.05 | IN |
| 23. | Utilizar um medidor elétrico para determinar o teor de humidade da madeira | 3.65 | 3.43 | 0.21 | IN |
| 24 | Demonstrar o funcionamento seguro da máquina de trabalhar madeira | 3.38 | 2.58 | 0.80 | IN |
| 25 | Utilizar ferramentas adequadas para a instalação e acabamento de portas de correr | 3.47 | 2.53 | 0.93 | IN |
| 26 | Utilizar as ferramentas adequadas para o acabamento dos roupeiros embutidos. | 3.41 | 3.20 | 0.21 | IN |
| 27 | Utilizar ferramentas adequadas para instalar a parede de proteção | 3.49 | 3.43 | 0.05 | IN |
| 28 | Utilizar as ferramentas adequadas para instalar o corrimão de uma escada. | 3.25 | 2.61 | 0.63 | IN |
| 29 | Aplicar as ferramentas ou máquinas corretas para instalar e acabar prateleiras de balcão e de cozinha. | 3.43 | 3.01 | 0.41 | IN |
| 30 | Aplicar as ferramentas ou máquinas corretas para terminar as prateleiras dos balcões e da cozinha | 3.55 | 2.35 | 1.20 | IN |
| 31 | Utilizar as ferragens adequadas para instalar corretamente uma escada pré-fabricada num edifício | 3.14 | 2.69 | 0.45 | IN |
| 32 | Utilizar ferramentas manuais e mecânicas para produzir componentes de madeira pré-fabricados de acordo com as especificações dadas | 3.16 | 3.03 | 0.12 | IN |
| 33 | Selecionar ferramentas manuais para produzir componentes de madeira pré-fabricados de acordo com determinadas especificações | 3.09 | 2.56 | 0.53 | IN |
| 34 | Aplicar ferramentas adequadas para polir ou pintar | 3.56 | 3.02 | 0.54 | IN |
| 35 | Utilizar as máquinas-ferramentas corretas para construir uma divisória de pernos | 3.22 | 2.56 | 0.66 | IN |
| 36 | Aplicar ferramentas manuais para fixar a divisória de pernos | 3.67 | 2.89 | 0.78 | IN |
| 37 | Adotar o processo de maquinagem correto para produzir uma janela de batente pronta a ser instalada | 3.01 | 2.99 | 0.02 | IN |
| 38 | Aplicar o equipamento de carpintaria correto para produzir | 3.51 | 2.39 | 1.12 | IN |

uma janela de persiana triangular pronta a ser instalada.

| | | | | | |
|---|---|---|---|---|---|
| 39 | Utilizar máquinas-ferramentas para produzir um painel de parede com um dado. | 3.46 | 3.01 | 0.45 | IN |
| 40 | Fixar as ferragens adequadas para pendurar os portões | 3.56 | 2.55 | 1.01 | IN |
| 41 | Manter uma velocidade normal ao trabalhar com ferramentas e máquinas na oficina | 3.21 | 2.90 | 0.31 | IN |
| 42 | Preparar e utilizar a máquina para as diferentes operações de serragem de fita. | 3.45 | 2.79 | 0.66 | IN |
| 43 | Montar e desmontar corretamente a lâmina de serra sobre as rodas | 3.23 | 2.45 | 0.78 | IN |
| 44 | Produzir e utilizar um gabarito simples para várias operações de serragem de fita | 3.54 | 2.60 | 0.94 | IN |

Os dados da Tabela 4 revelaram que 40 dos 44 itens de competência técnica tinham valores de diferença de desempenho que variavam entre 0,02 e 1,43 e eram positivos, indicando que os professores de carpintaria e marcenaria precisam de melhorar as 40 competências técnicas da maquinagem da madeira. Quatro dos quarenta itens de competência tiveram uma diferença de desempenho negativa de -0,10, - 0,01, -0,06 e -0,06, indicando que os professores não precisam de melhorar os quatro itens de competência. De um modo geral, os professores de carpintaria e joalharia precisam de melhorar todas as 44 competências técnicas da maquinagem da madeira, mas dão menos ênfase aos quatro itens com valores negativos de diferença de desempenho.

**Questão de investigação 7**

Quais são as necessidades de melhoria das competências técnicas dos professores de carpintaria e de joalharia em AUTOCAD?

Os dados para responder à questão de investigação 7 são apresentados no Quadro 7

**Quadro 7**

**Análise da Lacuna de Desempenho das Classificações Médias das Respostas dos Professores de Carpintaria e Marcenaria sobre as Necessidades de Melhoria das Competências Técnicas dos Professores de Carpintaria e Marcenaria em AUTOCAD**     **N = 221**

| S/N | Itens de competência técnica | $\overline{X_n}$ | $\overline{X_P}$ | PG $\overline{X_r}$-$\overline{X_P}$ | Observações |
|---|---|---|---|---|---|
| 1. | Observar as precauções necessárias para obter um bom desenho | 3.27 | 2.94 | 0.32 | IN |
| 2. | Ligar corretamente o sistema informático | 3.32 | 2.87 | 0.45 | IN |
| 3 | Instalar o AUTOCAD num sistema | 3.35 | 2.65 | 0.70 | IN |
| 4 | Localizar o pacote AUTOCAD no sistema | 3.20 | 2.52 | 0.67 | IN |
| 5 | Identificar os vários pacotes de desenho assistido por computador em utilização | 2.94 | 2.83 | 0.10 | IN |
| 6 | Identificar as escalas de uso corrente no desenho assistido por computador | 3.24 | 3.07 | 0.17 | IN |
| 7 | Utilizar o AUTOCAD para conceber os diferentes trabalhos de carpintaria e de joalharia | 3.11 | 2.99 | 0.12 | IN |
| 8 | Interpretar diferentes desenhos de construção gerados por computador | 3.23 | 3.06 | 0.17 | IN |
| 9 | Produzir ou elaborar desenhos de trabalho com recurso a desenho assistido por computador | 3.07 | 2.92 | 0.14 | IN |
| 10 | Elaborar um desenho de base do edifício existente utilizando pacotes de desenho assistido por computador | 3.34 | 2.19 | 1.15 | IN |
| 11 | Desligar o sistema após a utilização sem cometer qualquer erro | 3.40 | 3.05 | 0.35 | IN |

Os dados da Tabela 7 mostraram que todos os 11 itens de competência técnica tinham valores de diferença de desempenho que variavam entre 0,10 e 1,15 e eram positivos, indicando que os professores de carpintaria e marcenaria precisam de melhorar todas as competências técnicas do AUTOCAD. De um modo geral, os professores precisam de melhorar todas as onze competências técnicas na utilização do AUTOCAD. Teste de Hipóteses

**Hipótese 1**

Não existe uma diferença significativa entre as classificações médias dos professores de carpintaria e de marcenaria experientes e menos experientes sobre as necessidades de melhoria das competências técnicas dos professores de carpintaria

**Quadro 8**

**A análise do teste t das classificações médias dos professores experientes e menos experientes de Carpintaria e Marcenaria sobre as necessidades de melhoria das competências técnicas dos professores de Marcenaria**

| S/N | Itens de competência técnica | $X_1$ | $S^2_1$ | $X_2$ | $S^2_2$ | t- cal | Observações |
|---|---|---|---|---|---|---|---|
| 1 | Observar as precauções necessárias para a realização de trabalhos de carpintaria | 2.87 | 0.82 | 3.15 | 0.71 | 1.04 | NS |
| 2 | Selecionar ferramentas e equipamentos adequados para trabalhos de carpintaria | 2.77 | 0.95 | 3.24 | 0.80 | 1.10 | NS |
| 3 | Identificar a madeira adequada para trabalhos de carpintaria | 3.17 | 0.81 | 3.14 | 0.69 | 0.32 | NS |
| 4 | Construir um armário simples ou um rodapé | 2.97 | 0.96 | 3.08 | 0.84 | 0.90 | NS |
| 5 | Conceber corretamente a caixa do automóvel enquadrada | 2.60 | 1.20 | 2.76 | 0.87 | 1.25 | NS |
| 6 | Construir uma mala de carro com moldura | 2.39 | 1.07 | 2.87 | 0.75 | 1.05 | NS |
| 7 | Aplicar as ferramentas adequadas para a construção de gavetas para mesas e armários | 2.74 | 0.93 | 2.74 | 0.85 | 1.02 | NS |
| 8 | Construir um móvel com encaixe, encaixe de batente, encaixe de cauda de andorinha e encaixe de face nua | 3.28 | 0.88 | 2.52 | 0.79 | 1.03 | NS |
| 9 | Preparar as superfícies antes do acabamento | 3.40 | 0.86 | 2.94 | 0.86 | 1.13 | NS |
| 10 | Aplicar acabamentos de base, como tintas a óleo, verniz francês, utilizando goma de pulverização | 3.09 | 0.85 | 2.98 | 0.87 | 0.97 | NS |
| 11 | Aplicar ferramentas eléctricas portáteis e máquinas para construir um projeto de caixa de carro emoldurada | 3.00 | 0.90 | 2.98 | 0.81 | 0.14 | NS |
| 12 | Construir o caixilho da porta de acordo com as especificações | 3.35 | 0.78 | 3.12 | 0.78 | 0.36 | NS |
| 13 | Preparar o caixilho da janela de acordo com as especificações | 3.03 | 0.97 | 3.19 | 0.66 | 0.61 | NS |
| 14 | Efetuar medições precisas ao fazer caixilhos de janelas e portas | 2.95 | 0.99 | 2.76 | 0.95 | 1.21 | |
| 15 | Realizar experiências para determinar o poder de espalhamento, o tempo de secagem e a permeabilidade das amostras de tinta | 3.02 | 0.93 | 3.04 | 0.70 | 0.81 | NS |
| 16 | Fixar corretamente os caixilhos das janelas acabados | 3.05 | 0.88 | 2.96 | 0.82 | 0.05 | NS |
| 17 | Instalar corretamente os caixilhos das portas | 2.95 | 0.90 | 2.76 | 0.89 | 0.56 | NS |

*Legenda: $S_1^2$ = Variância dos professores experientes de Carpintaria e Marcenaria*

*$S_2^2$ = Variância dos professores menos experientes de Carpintaria e Marcenaria*

*$X_1$ = Média de professores experientes de Carpintaria e Marcenaria*

*$X_2$ = Média de professores de carpintaria e de marcenaria com menos experiência*

*$Df$ =219*

*$P = 0.05$*

*t-tab 1,98*

*S = Significativo*

*NS = Não significativo*

Os dados apresentados na Tabela 8 revelaram que cada um dos 20 itens de competência técnica tinha os seus valores t calculados entre 0,05 e 1,25, que eram inferiores ao valor da tabela t de 1,98 ao nível de significância de 0,05 e a 219 graus de liberdade (df). Isto indica que não existe uma diferença significativa nas classificações médias dos professores experientes e menos experientes de carpintaria e marcenaria relativamente às necessidades de melhoria das competências técnicas dos professores de marcenaria. Por conseguinte, a hipótese nula de não haver diferença significativa entre as classificações médias dos professores experientes e menos experientes de carpintaria e marcenaria sobre as necessidades de competências técnicas dos professores de marcenaria foi confirmada.

**Hipótese 2**

Não há diferença significativa entre as classificações médias dos professores de carpintaria e marcenaria experientes e menos experientes sobre as necessidades de melhoria das competências técnicas dos professores de cofragem

**Quadro 9**

**A análise do teste t das classificações médias dos professores experientes e menos experientes de Carpintaria e Marcenaria sobre as necessidades de melhoria das competências técnicas dos professores de Cofragem**

| S/N | Itens de competência técnica | $X_1$ | $S^2_1$ | $X_2$ | $S^2_2$ | t- cal | Observações |
|---|---|---|---|---|---|---|---|
| 1 | Respeitar as precauções de segurança necessárias quando se trabalha com formas | 3.44 | 0.50 | 3.13 | 0.68 | 0.61 | NS |
| 2 | Esboçar ou desenhar pormenores da construção de cofragens para vigas, pavimentos, tectos e lintéis | 3.04 | 0.78 | 3.13 | 0.57 | 0.50 | NS |
| 3 | Construir vários tipos de cofragem sem erros | 3.04 | 0.67 | 3.06 | 0.73 | 0.02 | NS |
| 4 | Estabelecer perfis geométricos de cofragem de pilares e de cofragem de paredes, de cofragem suspensa de pavimentos e de coberturas | 2.88 | 0.60 | 2.80 | 0.66 | 0.30 | NS |
| 5 | Construir corretamente as vigas do chão e do teto | 2.92 | 0.75 | 2.53 | 0.81 | 0.35 | NS |
| 6 | Construir andaimes de madeira e de metal até 6 metros de altura | 2.80 | 0.64 | 2.73 | 0.73 | 0.21 | NS |
| 7 | Montar andaimes de madeira e metálicos de várias alturas | 3.04 | 0.78 | 2.83 | 0.87 | 0.32 | NS |

| | | | | | | | |
|---|---|---|---|---|---|---|---|
| 8 | Manter o andaime em boas condições de funcionamento | 3.24 | 0.59 | 3.30 | 0.74 | 0.12 | NS |
| 9 | Utilizar um esboço para ilustrar a parte do andaime e as suas funções | 3.12 | 0.60 | 3.10 | 0.54 | 0.30 | NS |
| 10 | Aplicar todas as normas de segurança em vigor na construção | 3.24 | 0.59 | 3.00 | 0.74 | 0.29 | NS |
| 11 | Construir um degrau e uma escada em madeira | 3.16 | 0.74 | 2.96 | 0.80 | 0.63 | NS |
| 12 | Selecionar e utilizar a madeira nigeriana adequada para a cofragem | 2.92 | 0.49 | 2.33 | 0.84 | 0.74 | NS |
| 13 | Determinar as dimensões dos andaimes | 3.00 | 0.81 | 2.83 | 0.83 | 0.28 | NS |
| 14 | Determinar o tamanho da madeira utilizada para o degrau e a escada | 2.68 | 0.94 | 2.23 | .77385 | 0.54 | NS |
| 15 | Aplicar todas as normas de segurança em vigor na montagem, manutenção e utilização de andaimes | 2.72 | 0.61 | 2.23 | .77385 | 0.47 | NS |
| 16 | Construir cofragens para, pelo menos, dois dos elementos de betão | 2.56 | 0.71 | 2.46 | 0.73 | 0.24 | NS |
| 17 | Descofrar a cofragem de, pelo menos, dois dos elementos de betão | 2.64 | 0.81 | 2.36 | 0.80 | 0.22 | NS |
| 18 | Cumprir os requisitos para a construção de cofragens adequadas | 2.68 | 0.74 | 2.50 | 1.04 | 0.41 | NS |
| 19 | Demonstrar o procedimento de construção de cofragens | 3.44 | 0.50 | 3.26 | 0.69 | 0.24 | NS |
| 20 | Construir corretamente o lintel e a parede | 2.68 | 0.80 | 2.43 | 0.81 | 0.47 | NS |

Os dados apresentados na Tabela 9 revelaram que cada um dos vinte itens de competência técnica tinha os seus valores t calculados entre 0,02 e 0,74, que eram inferiores ao valor da tabela t de 1,98 a um nível de significância de 0,05 e a 219 graus de liberdade (df). Isto indica que não existe uma diferença significativa entre as classificações médias dos professores experientes e menos experientes de carpintaria e marcenaria relativamente às necessidades de melhoria das competências técnicas dos professores de cofragem. Por conseguinte, a hipótese nula de não haver diferença significativa entre as classificações médias dos professores experientes e menos experientes de carpintaria e marcenaria sobre as necessidades de melhoria das competências técnicas dos professores de cofragem foi confirmada.

**Hipótese 3**

Não existe uma diferença significativa entre as classificações médias dos professores de carpintaria e marcenaria experientes e menos experientes sobre as necessidades de melhoria das competências técnicas dos professores em matéria de enquadramento

**Quadro 10**

**A análise do teste t das classificações médias dos professores experientes e menos experientes de carpintaria e marcenaria sobre as necessidades de melhoria das competências técnicas dos professores de caixilharia**

| S/N | Itens de competência técnica | $X_1$ | $S^2_1$ | $X_2$ | $S^2_2$ | t- cal | Observações |
|---|---|---|---|---|---|---|---|
| 1 | Respeitar as medidas de segurança necessárias para os trabalhos de caixilharia | 2.80 | 1.01 | 3.15 | 0.83 | 0.90 | NS |
| 2 | Desenhar diagramas de linhas dos quatro tipos de pavimentos | 2.97 | 0.95 | 3.11 | 0.86 | 1.17 | NS |
| 3 | Classificar os pavimentos em vários grupos | 3.15 | 0.89 | 3.19 | 0.83 | 0.37 | NS |
| 4 | Selecionar os materiais e ferramentas adequados para os trabalhos de caixilharia | 3.12 | 0.81 | 3.09 | 0.85 | 0.27 | NS |
| 5 | Preparar corretamente as vigas do pavimento | 3.09 | 0.77 | 3.20 | 0.88 | 1.09 | NS |
| 6 | Colocar as vigas do pavimento/plataforma de acordo com as especificações | 3.15 | 0.71 | 3.15 | 0.83 | 0.20 | NS |
| 7 | Fixar as escoras às vigas do pavimento ou da plataforma | 3.19 | 0.70 | 3.31 | 0.74 | 1.30 | NS |
| 8 | Aparar as aberturas no chão para receber escadas, alçapões e portas | 2.82 | 0.98 | 3.24 | 0.77 | 0.67 | NS |
| 9 | Fixar corretamente o pavimento à viga ou à sub-base | 2.75 | 1.07 | 3.12 | 0.90 | 0.91 | NS |
| 10 | Demonstrar os métodos de corte da abertura do pavimento | 3.10 | 0.92 | 3.22 | 0.86 | 1.08 | NS |
| 11 | Aplicar um acabamento adequado com verniz, polimento ou ladrilhos de PVC | 3.12 | 0.90 | 3.18 | 0.78 | 0.54 | NS |
| 12 | Utilizar um esboço para explicar o método de construção de juntas na colocação de tábuas de soalho | 3.01 | 0.91 | 2.98 | 0.81 | 0.29 | NS |
| 13 | Custear corretamente o pavimento de um projeto típico | 3.12 | 0.83 | 3.20 | 0.78 | 0.72 | NS |
| 14 | Selecionar a madeira e outros materiais adequados para a construção de divisórias | 3.12 | 0.81 | 3.12 | 0.76 | 0.03 | NS |
| 15 | Instalação e acabamento de caixilhos de portas e janelas e de portas de correr. | 2.98 | 0.78 | 3.07 | 0.57 | 1.01 | NS |
| 16 | Aplicar as precauções de segurança adequadas ao efetuar a instalação | 3.01 | 0.67 | 3.01 | 0.67 | 0.03 | NS |
| 17 | Preparar os materiais ou componentes dos elementos das asnas de telhado | 2.78 | 0.82 | 3.55 | 0.82 | 0.56 | NS |
| 18 | Construir uma treliça de telhado para suportar os revestimentos do telhado | 2.99 | 0.78 | 2.89 | 0.77 | 0.45 | NS |
| 19 | Montar uma armação de telhado para suportar os revestimentos do telhado | 3.11 | 0.81 | 3.02 | 0.67 | 0.67 | NS |
| 20 | Esboço de pormenores dos elementos de disposição do teto no beiral de um telhado inclinado | 3.78 | 0.67 | 3.22 | 0.81 | 0.51 | NS |
| 21 | Construir um revestimento de teto e uma bateria | 2.83 | 0.96 | 2.76 | 0.77 | 0.72 | NS |

| S/N | | $X_1$ | $S^2_1$ | $X_2$ | $S^2_2$ | t-cal | Observações |
|---|---|---|---|---|---|---|---|
| 22 | Instalar um revestimento de teto e ripas | 3.23 | 0.93 | 2.84 | 0.77 | 0.45 | NS |
| 23 | Aparar aberturas num teto e fazer o acabamento conforme adequado | 3.58 | 0.68 | 2.80 | 0.74 | 0.67 | NS |
| 24 | Desenhar a planta e o alçado de uma janela de batente, incluindo os pormenores | 2.83 | 0.96 | 2.76 | 0.77 | 0.78 | NS |
| 25 | Recortar e preparar os mensageiros do aro, do batente e das contas | 3.22 | 0.88 | 3.11 | 0.67 | 0.03 | NS |

Os dados apresentados na Tabela 10 revelaram que cada um dos 20 itens de competência técnica tinha os seus valores t calculados entre 0,03 e 1,30, que eram inferiores ao valor da tabela t de 1,98 a um nível de significância de 0,05 e a 219 graus de liberdade (df). Isto indica que não existe uma diferença significativa entre as classificações médias dos professores experientes e menos experientes de carpintaria e marcenaria no que respeita às necessidades de melhoria das competências técnicas dos professores no domínio do enquadramento. Por conseguinte, foi confirmada a hipótese nula de não haver diferença significativa entre as classificações médias dos professores de carpintaria e de marcenaria experientes e menos experientes sobre as necessidades de melhoria das competências técnicas dos professores no domínio do enquadramento.

**Hipótese 4**

Não há diferença significativa entre as médias das avaliações dos professores de carpintaria e marcenaria das escolas técnicas federais e estaduais sobre as necessidades de aprimoramento das competências técnicas dos professores de processamento da madeira

**Quadro 11**

**Análise do teste t das classificações médias dos professores de Carpintaria e Marcenaria sobre as necessidades de melhoria das competências técnicas dos professores de Processamento de Madeira**

| S/N | Itens de competência técnica | $X_1$ | $S^2_1$ | $X_2$ | $S^2_2$ | t- cal | Observações |
|---|---|---|---|---|---|---|---|
| 1 | Observar as precauções de segurança necessárias durante o tratamento da madeira | 3.56 | 0.58 | 3.76 | 0.43 | 0.02 | NS |
| 2 | Identificar as ferramentas e o equipamento necessários para a transformação da madeira | 3.56 | 0.50 | 3.53 | 0.68 | 0.16 | NS |
| 3 | Efetuar os procedimentos necessários para a preparação da madeira plana e esquadriada | 3.48 | 0.77 | 3.66 | 0.60 | 0.06 | NS |

| | | $\bar{X}_1$ | $S_1^2$ | $\bar{X}_2$ | $S_2^2$ | t | |
|---|---|---|---|---|---|---|---|
| 4 | Aplicar corretamente as ferramentas e o equipamento de transformação da madeira | 3.36 | 0.70 | 3.36 | 0.96 | 0.29 | NS |
| 5 | Respeitar os requisitos básicos de uma boa articulação | 3.64 | 0.56 | 3.53 | 0.81 | 0.55 | NS |
| 6 | Preparar a madeira plana e esquadriada de acordo com as especificações | 3.32 | 0.69 | 3.60 | 0.67 | 0.51 | NS |
| 7 | Preparar corretamente as juntas da caixa do automóvel | 3.44 | 0.58 | 3.73 | 0.58 | 0.25 | NS |
| 8 | Construir corretamente vários tipos de juntas | 3.12 | 0.66 | 3.46 | 0.93 | 0.15 | NS |
| 9 | Utilizar vários tipos de dispositivos de fixação | 3.12 | 0.72 | 3.50 | 0.68 | 0.29 | NS |
| 10 | Colocar e fixar corretamente vários tipos de dispositivos de fixação | 3.28 | 0.79 | 3.66 | 0.60 | 0.25 | NS |
| 11 | Efetuar corretamente as juntas de alongamento ou de extremidade | 3.32 | 0.74 | 3.53 | 0.77 | 0.10 | NS |
| 12 | Preparar corretamente as juntas de alargamento ou de bordadura | 3.28 | 0.61 | 3.46 | 0.77 | 0.29 | NS |
| 13 | Demonstrar o procedimento para efetuar a construção das juntas | 3.40 | 0.70 | 3.53 | 0.77 | 0.26 | NS |
| 14 | Fixar vários tipos de portas | 3.16 | 0.74 | 3.23 | 0.89 | 0.32 | NS |
| 15 | Cortar formas irregulares, como denteados, encaixes e espigas, utilizando ferramentas manuais eléctricas portáteis | 3.36 | 0.63 | 3.50 | 0.93 | 0.23 | NS |
| 16 | Efetuar operações de perfuração e de encaixe com berbequins portáteis | 3.32 | 0.47 | 3.20 | 0.84 | 0.13 | NS |
| 17 | Efetuar operações de acabamento com lixadeiras de acabamento | 3.00 | 0.40 | 3.03 | 0.61 | 1.10 | NS |
| 18 | Montar e desmontar corretamente a lâmina de serra | 3.28 | 0.67 | 3.03 | 0.85 | 0.17 | NS |
| 19 | Fixar corretamente a faca de corte | 3.12 | 0.60 | 2.96 | 0.88 | 0.33 | NS |
| 20 | Ajustar corretamente a lâmina de corte | 3.02 | 0.78 | 3.20 | 0.75 | 0.04 | NS |

*Legenda: $S_1^2$ = Variância dos Professores de Carpintaria e Marcenaria das Escolas Técnicas Federais*

*$S_2^2$ = Variância dos Professores de Carpintaria e Marcenaria nas Escolas Técnicas Estaduais*

*$\bar{X}_1$ = Média de Professores de Carpintaria e Marcenaria nas Escolas Técnicas Federais*

*$\bar{X}_2$ = Média de Professores de Carpintaria e Marcenaria nas Escolas Técnicas Estaduais*

*Df =219*

*P = 0.05*

*t-tab 1,98*

*S = Significativo*

*NS = Não significativo*

Os dados apresentados na Tabela 11 revelam que os valores t calculados para cada um

dos vinte itens variaram de 0,02 a 1,10, sendo inferiores ao valor da tabela t de 1,98 ao nível de significância de 0,05 e com 219 graus de liberdade (df). Isto indica que não existe uma diferença significativa nas classificações médias dos professores de carpintaria e de marcenaria das escolas técnicas federais e estaduais sobre as necessidades de competências técnicas dos professores de transformação da madeira. Portanto, a hipótese nula de que não há diferença significativa entre as médias das avaliações dos professores de carpintaria e marcenaria das escolas técnicas federais e estaduais sobre as necessidades de aprimoramento das competências técnicas dos professores no processamento da madeira foi confirmada.

**Hipótese 5**

Não existe uma diferença significativa entre as classificações médias dos professores de carpintaria e dos professores de maquinaria sobre as necessidades de melhoria das competências técnicas dos professores de maquinaria em madeira.

**Quadro 12**

**A análise do teste t das classificações médias dos professores de carpintaria e marcenaria sobre as necessidades de melhoria das competências técnicas dos professores de maquinagem da madeira**

| S/N | Itens de competência técnica | $X_1$ | $S^2_1$ | $X_2$ | $S^2_2$ | t- cal | Observações |
|---|---|---|---|---|---|---|---|
| 1 | Observar as precauções de segurança necessárias durante a maquinagem | 2.84 | 0.68 | 2.63 | 0.99 | 0.28 | NS |
| 2 | Estar bem acordado e alerta quando se trabalha com máquinas para trabalhar madeira | 2.72 | 0.70 | 2.66 | 0.95 | 0.24 | NS |
| 3 | Selecionar o tamanho e o tipo de ferramentas adequados para o trabalho a realizar | 2.92 | 0.56 | 2.50 | 0.82 | 0.17 | NS |
| 4 | Iniciar com êxito as máquinas para trabalhar madeira | 3.36 | 0.43 | 2.80 | 0.99 | 0.29 | NS |
| 5 | Operar máquinas de carpintaria para efetuar diversas operações de carpintaria e de marcenaria | 3.24 | 0.64 | 2.93 | 0.69 | 0.09 | NS |
| 6 | Ajustar a lâmina ou o gume de corte antes de qualquer operação na oficina | 3.08 | 0.66 | 3.00 | 0.94 | 0.35 | NS |
| 7 | Montar a peça de trabalho num torno, pinça ou suporte especial quando se trabalha com cinzéis, serras, etc. | 3.12 | 0.73 | 3.06 | 0.63 | 0.30 | NS |
| 8 | Manter uma velocidade normal durante o trabalho com as ferramentas para evitar lesões | 2.96 | 0.91 | 2.90 | 0.84 | 0.27 | NS |
| 9 | Testar a funcionalidade da máquina de trabalhar madeira antes de a utilizar | 2.60 | 0.53 | 2.66 | 0.84 | 0.28 | NS |
| 10 | Fixar as protecções, vedações e outros elementos de proteção das máquinas para trabalhar madeira antes da maquinagem | 2.96 | 0.60 | 2.80 | 0.80 | 0.64 | NS |

| | | | | | | | |
|---|---|---|---|---|---|---|---|
| 11 | Manter uma distância mínima entre a mão e a máquina durante o seu funcionamento | 3.12 | 0.73 | 2.70 | 0.83 | 0.19 | NS |
| 12 | Utilizar corretamente gabaritos e dispositivos para projectos | 2.96 | 0.84 | 2.76 | 0.85 | 0.28 | NS |
| 13 | Seguir o procedimento normal de arranque e de paragem quando se opera uma máquina de trabalhar madeira | 3.04 | 0.86 | 2.76 | 1.04 | 0.57 | NS |
| 14 | Demonstrar métodos corretos de fixação de acessórios | 3.00 | 0.81 | 3.13 | 0.97 | 0.53 | NS |
| 15 | Manter o resguardo e o dispositivo anti-retrocesso em posição | 3.20 | 0.80 | 3.13 | 0.77 | 0.31 | NS |
| 16 | Desmontar máquinas/ferramentas que tenham partes amovíveis | 3.16 | 0.95 | 2.90 | 1.12 | 0.19 | NS |
| 17 | Montar corretamente ferramentas de carpintaria e de marcenaria que tenham partes amovíveis | 3.36 | 0.70 | 2.96 | 0.99 | 0.48 | NS |
| 18 | Efetuar a manutenção de rotina das máquinas para trabalhar madeira de acordo com o fabricante | 3.40 | 0.85 | 3.06 | 0.90 | 0.49 | NS |
| 19 | Aplicar ferramentas manuais eléctricas portáteis para executar tarefas simples de carpintaria e marcenaria | 3.16 | 1.06 | 2.90 | 0.95 | 0.53 | NS |
| 20 | Inspecionar todas as máquinas eléctricas portáteis para verificar se têm ligação à terra e fusíveis adequados antes de as utilizar | 2.68 | 0.97 | 2.56 | 1.07 | 0.39 | NS |
| 21 | Efetuar a manutenção regular de máquinas eléctricas portáteis, quando necessário | 3.60 | 0.57 | 3.50 | 0.97 | 0.45 | NS |
| 22 | Colocar a fresa na máquina de planeamento | 3.72 | 0.45 | 3.50 | 0.86 | 0.14 | NS |
| 23 | Utilizar um medidor elétrico para determinar o teor de humidade da madeira | 2.92 | 1.07 | 3.10 | 0.99 | 0.44 | NS |
| 24 | Demonstrar o funcionamento seguro da máquina de trabalhar madeira | 2.56 | 0.91 | 2.83 | 0.98 | 0.57 | NS |
| 25 | Utilizar ferramentas adequadas para a instalação e acabamento de portas de correr | 3.28 | 0.979 | 3.20 | 0.92 | 0.31 | NS |
| 26 | Utilizar as ferramentas adequadas para o acabamento dos roupeiros embutidos. | 3.16 | 0.85 | 3.13 | 0.73 | 0.12 | NS |
| 27 | Utilizar ferramentas adequadas para instalar a parede de proteção | 3.16 | 0.85 | 3.50 | 0.73 | 0.15 | NS |
| 28 | Utilizar as ferramentas adequadas para instalar o corrimão de uma escada. | 3.56 | 0.58 | 3.10 | 1.02 | 0.28 | NS |
| 29 | Aplicar as ferramentas ou máquinas corretas para instalar e terminar as prateleiras dos balcões e da cozinha. | 3.16 | 0.85 | 3.30 | 0.65 | 0.19 | NS |
| 30 | Aplicar as ferramentas ou máquinas corretas para terminar as prateleiras dos balcões e da cozinha | 2.72 | 1.10 | 3.16 | 0.91 | 0.24 | NS |
| 31 | Utilizar as ferragens adequadas para instalar corretamente uma escada pré-fabricada num edifício | 3.60 | 0.57 | 3.50 | 0.97 | 0.45 | NS |
| 32 | Utilizar ferramentas manuais e mecânicas para produzir componentes de madeira pré-fabricados de acordo com as especificações dadas | 3.72 | 0.45 | 3.50 | 0.86 | 0.14 | NS |
| 33 | Selecionar ferramentas manuais para produzir componentes de madeira pré-fabricados de acordo com determinadas especificações | 2.92 | 1.07 | 3.10 | 0.99 | 0.44 | NS |

| | | | | | | |
|---|---|---|---|---|---|---|
| 34 | Aplicar ferramentas adequadas para polir ou pintar | 2.56 | 0.91 | 2.83 | 0.98 | 0.57 | NS |
| 35 | Utilizar as máquinas-ferramentas corretas para construir uma divisória de pernos | 3.28 | 0.979 | 3.20 | 0.92 | 0.31 | NS |
| 36 | Aplicar ferramentas manuais para fixar a divisória de pernos | 3.16 | 0.85 | 3.13 | 0.73 | 0.12 | NS |
| 37 | Adotar o processo de maquinagem correto para produzir uma janela de batente pronta a ser instalada | 3.16 | 0.85 | 3.50 | 0.73 | 0.15 | NS |
| 38 | Aplicar o equipamento de carpintaria correto para produzir uma janela de persiana triangular pronta a ser instalada. | 3.56 | 0.58 | 3.10 | 1.02 | 0.28 | NS |
| 39 | Utilizar máquinas-ferramentas para produzir um painel de parede com um dado. | 3.16 | 0.85 | 3.30 | 0.65 | 0.19 | NS |
| 40 | Fixar as ferragens adequadas para pendurar os portões | 2.72 | 1.10 | 3.16 | 0.91 | 0.24 | NS |
| 41 | Manter uma velocidade normal ao trabalhar com ferramentas e máquinas na oficina | 3.60 | 0.57 | 3.50 | 0.97 | 0.45 | NS |
| 42 | Preparar e utilizar a máquina para as diferentes operações de serragem de fita. | 3.72 | 0.45 | 3.50 | 0.86 | 0.14 | NS |
| 43 | Montar e desmontar corretamente a lâmina de serra sobre as rodas | 2.92 | 1.07 | 3.10 | 0.99 | 0.44 | NS |
| 44 | Produzir e utilizar um gabarito simples para várias operações de serragem de fita | 2.56 | 0.91 | 2.83 | 0.98 | 0.57 | NS |

*Legenda: $S_1^2$ = Variância dos Professores de Carpintaria e Marcenaria do sexo masculino*

*$S_2^2$ = Variância dos Professores de Carpintaria e Marcenaria do sexo feminino*

*$X_1$ = Desvio X dos Professores de Carpintaria e Marcenaria do sexo masculino*

*$X_2$ = Média de professores de carpintaria e marcenaria do sexo feminino*

*Df =219*

*P = 0.05*

*t-tab 1,98*

*S = Significativo*

*NS = Não significativo*

Os dados apresentados na Tabela 12 revelaram que cada um dos vinte itens de competência tinha os seus valores t calculados entre 0,09 e 0,64, que eram inferiores ao valor da tabela t de 1,98 a um nível de significância de 0,05 e a 219 graus de liberdade (df). Isto indica que não existe uma diferença significativa entre as classificações médias dos professores de carpintaria e de marcenaria sobre as necessidades de melhoria das competências técnicas dos professores de maquinagem da madeira. Por conseguinte, a hipótese nula de não haver diferença significativa entre as classificações médias dos professores de carpintaria e de marcenaria sobre as necessidades de melhoria das competências técnicas dos professores no domínio da maquinagem da madeira foi confirmada.

**Hipótese 6**

Não há diferença significativa entre as médias das avaliações dos professores de carpintaria e marcenaria das escolas técnicas federais e estaduais sobre as necessidades de aprimoramento das competências técnicas dos professores em AUTOCAD.

**Quadro 13**

**A análise do teste t das classificações médias dos professores de carpintaria e marcenaria das escolas técnicas federais e estaduais sobre as necessidades de melhoria das competências técnicas dos professores em AUTOCAD**

| S/N | Itens de competência técnica | $X_1$ | $S^2_1$ | $X_2$ | $S^2_2$ | t- cal | Observações |
|---|---|---|---|---|---|---|---|
| 1 | Observar as precauções necessárias para obter um bom desenho | 3.36 | 0.86 | 2.96 | 1.15 | 0.40 | NS |
| 2 | Ligar corretamente o sistema informático | 2.72 | 1.02 | 2.70 | 1.02 | 0.07 | NS |
| 3 | Instalar o AUTOCAD num sistema | 2.84 | 0.98 | 2.66 | 0.88 | 0.68 | NS |
| 4 | Localizar o pacote AUTOCAD no sistema | 3.04 | 1.01 | 3.00 | 1.05 | 0.14 | NS |
| 5 | Identificar os vários pacotes de desenho assistido por computador em uso | 3.20 | 0.86 | 2.93 | 1.01 | 0.36 | NS |
| 6 | Identificar as escalas de uso corrente no desenho assistido por computador | 2.88 | 1.12 | 2.76 | 1.04 | 0.38 | NS |
| 7 | Utilizar o AUTOCAD para conceber os diferentes trabalhos de carpintaria e de joalharia | 2.88 | 1.05 | 2.83 | 1.01 | 0.16 | NS |
| 8 | Interpretar diferentes desenhos de construção gerados por computador | 2.92 | 0.95 | 2.93 | 1.04 | 0.04 | NS |
| 9 | Produzir ou elaborar desenhos de trabalho com recurso a desenho assistido por computador | 2.76 | 1.09 | 3.00 | 1.05 | 0.18 | NS |
| 10 | Elaborar um desenho de base do edifício existente utilizando pacotes de desenho assistido por computador | 2.60 | 1.04 | 3.10 | 0.99 | 0.18 | NS |
| 11 | Desligar o sistema após a utilização sem cometer qualquer erro | 3.01 | 0.88 | 2.9 | 0.89 | 0.11 | NS |

*Legenda: $S_1^2$ = Variância dos Professores de Carpintaria e Marcenaria das Escolas Técnicas Federais*

*$S_2^2$ = "Variância dos Professores de Carpintaria e Marcenaria nas Escolas Técnicas Estaduais*

*$X_1$ = Média de Professores de Carpintaria e Marcenaria nas Escolas Técnicas Federais*

*$X_2$ = Média de Professores de Carpintaria e Marcenaria nas Escolas Técnicas Estaduais*

*Df* =219

*P = 0.05*

*t-tab 1,98*

*S = Significativo*

*NS = Não significativo*

Os dados apresentados na Tabela 13 revelam que cada um dos vinte itens de competência técnica teve seus valores t calculados variando de 0,04 a 0,68, que foram inferiores ao valor da tabela t de 1,98 ao nível de significância de 0,05 e a 219 graus de liberdade (df). Isto indica que não há diferenças significativas nas classificações médias dos professores de carpintaria e de marcenaria das escolas técnicas federais e estaduais sobre as necessidades de melhoria das competências técnicas dos professores no AUTOCAD. Portanto, a hipótese nula de não haver diferença significativa entre as médias das avaliações dos professores de carpintaria e marcenaria das escolas técnicas federais e estaduais sobre as necessidades de aprimoramento das competências técnicas dos professores no AUTOCAD foi confirmada.

**Conclusões do estudo**

Com base nas questões e hipóteses de investigação, o estudo permitiu chegar às seguintes conclusões

**A. Os professores de Carpintaria e Marcenaria precisam de melhorar as seguintes competências técnicas de Marcenaria**

1. Identificar a madeira adequada para trabalhos de carpintaria

2. Selecionar ferramentas e equipamentos adequados para o trabalho de joalharia

3. Construir um armário simples ou um rodapé

4. Conceber corretamente a caixa do automóvel enquadrada

5. Construir uma mala de carro com moldura

6. Aplicar as ferramentas adequadas para a construção de gavetas para mesas e armários

7. Construir um móvel com uma caixa de passagem, uma caixa de batente, uma caixa de cauda de andorinha e uma caixa de face simples

8. Preparar as superfícies antes do acabamento

9. Aplicar acabamentos de base, como tintas a óleo, verniz francês, utilizando goma de pulverização

10. Aplicar ferramentas eléctricas portáteis e máquinas para construir um projeto de caixa de carro emoldurada

11. Construir o caixilho da porta de acordo com as especificações

12. Preparar o caixilho da janela de acordo com as especificações

13. Instalar corretamente os caixilhos das portas

14. Fixar corretamente os caixilhos das janelas acabados

15. Realizar experiências para determinar o poder de espalhamento, o tempo de secagem e a permeabilidade das amostras de tinta

**B. Os professores de Carpintaria e Marcenaria precisam de melhorar as seguintes competências técnicas de cofragem**

1. Esboçar ou desenhar pormenores de construção de cofragens para vigas, pavimentos, tectos e lintéis

2. Construir vários tipos de cofragem sem erros

3. Estabelecer perfis geométricos de cofragens para pilares e paredes, cofragens suspensas para pavimentos e coberturas

4. Construir corretamente as vigas do chão e do teto

5. Construir andaimes de madeira e de metal até 6 metros de altura

6. Montar andaimes de madeira e metálicos de várias alturas

7. Manter o andaime em boas condições de funcionamento

8. Utilizar um esboço para ilustrar a parte do andaime e as suas funções

9. Construir um degrau e uma escada em madeira

10.   Selecionar e utilizar a madeira nigeriana adequada para a cofragem

11.   Determinar as dimensões dos andaimes

12.   Determinar o tamanho da madeira utilizada para o degrau e a escada

13.   Construir corretamente o lintel e a parede

14.   Construir cofragens para, pelo menos, dois dos elementos de betão

15.   Descobrir a cofragem para, pelo menos, dois dos betões

16.   Cumprir os requisitos para a construção de cofragens adequadas

17.   Demonstrar o procedimento de construção de cofragens

18.   Aplicar todas as normas de segurança em vigor na montagem, manutenção e utilização de andaimes

**C. Os professores de Carpintaria e Marcenaria precisam de melhorar as seguintes competências técnicas de caixilharia**

1. Desenhar diagramas de linhas dos quatro tipos de pavimentos

2. Classificar os pavimentos em vários grupos

3. Selecionar os materiais e ferramentas adequados para os trabalhos de caixilharia

4. Preparar corretamente as vigas do pavimento

5. Colocar as vigas do pavimento/plataforma de acordo com as especificações

6. Fixar as escoras às vigas do pavimento ou da plataforma

7. Aparar as aberturas no chão para receber escadas, alçapões e portas

8. Fixar corretamente o pavimento à junta ou ao contrapiso

9. Demonstrar os métodos de corte da abertura do pavimento

10. Aplicar um acabamento adequado com verniz, polimento ou ladrilhos de PVC

11. Custear corretamente o pavimento de um projeto típico

12. Utilizar um esboço para explicar o método de construção das juntas na colocação de tábuas de soalho

13. Selecionar a madeira e outros materiais adequados para a construção de divisórias

14. Instalação e acabamento de caixilhos de portas e janelas e de portas de correr

15. Aplicar as precauções de segurança adequadas ao efetuar a instalação

16. Preparar os materiais ou componentes dos elementos das asnas de telhado

17. Construir uma treliça de telhado para suportar os revestimentos do telhado

18. Montar uma armação de telhado para suportar os revestimentos do telhado

19. Esboço de pormenores dos elementos de disposição do teto no beiral de um telhado inclinado

20. Construir um revestimento de teto e uma bateria

21. Instalar um revestimento de teto e ripas

22. Aparar aberturas num teto e fazer os acabamentos necessários

23. Desenhar a planta e o alçado de uma janela de batente, incluindo os pormenores

24. Colocar e manusear o batente

**D. Os professores de Carpintaria e Marcenaria precisam de melhorar as seguintes competências técnicas Processamento da madeira**

1. Identificar as ferramentas e o equipamento necessários para a transformação da madeira

2. Adotar os procedimentos necessários para a preparação da madeira plana e esquadriada

3. Aplicar corretamente as ferramentas e o equipamento de transformação da madeira

4. Preparar a madeira plana e esquadriada de acordo com as especificações

5. Preparar corretamente as juntas da caixa do automóvel

6. Construir corretamente vários tipos de juntas

7. Utilizar vários tipos de dispositivos de fixação

8. Colocar e fixar corretamente vários tipos de dispositivos de fixação

9. Efetuar corretamente as juntas de alongamento ou de extremidade

10. Preparar corretamente as juntas de alargamento ou de bordadura

11. Demonstrar o procedimento para efetuar a construção das juntas

12. Fixar vários tipos de portas

13. Cortar formas irregulares, como dardos, encaixes e espigas, utilizando ferramentas manuais eléctricas portáteis

14. Efetuar operações de perfuração e de encaixe com berbequins portáteis

15. Efetuar operações de acabamento com lixadeiras de acabamento

16. Montar e desmontar corretamente a lâmina de serra

17. Fixar corretamente a faca separadora

**E. Os professores de Carpintaria e Marcenaria precisam de melhorar as seguintes competências técnicas Maquinação de madeira**

1. Iniciar com êxito as máquinas para trabalhar madeira

2. Operar máquinas de carpintaria para efetuar diversas operações de carpintaria e de marcenaria

3. Ajustar a lâmina ou o gume de corte antes de qualquer operação na oficina

4. Montar a peça de trabalho num torno, pinça ou suporte especial quando se trabalha

com cinzéis, serras, etc.

5. Manter uma velocidade normal durante o trabalho com as ferramentas para evitar lesões

6. Testar a funcionalidade da máquina de trabalhar madeira antes de a utilizar

7. Fixar as protecções, vedações e outros elementos de proteção das máquinas para trabalhar madeira antes da maquinagem

8. Manter uma distância mínima entre a mão e a máquina durante o seu funcionamento

9. Utilizar corretamente gabaritos e dispositivos para projectos

10. Demonstrar os métodos corretos de fixação de fi

11. Seguir o procedimento normal de arranque e de paragem quando se opera uma máquina de trabalhar madeira

12. Manter o resguardo e o dispositivo anti-retrocesso em posição

13. Desmontar máquinas/ferramentas que tenham partes amovíveis

14. Efetuar a manutenção de rotina das máquinas para trabalhar madeira de acordo com o fabricante

15. Aplicar ferramentas manuais eléctricas portáteis para executar tarefas simples de carpintaria e de marcenaria

16. Inspecionar todas as máquinas eléctricas portáteis para verificar se têm ligação à terra e fusíveis adequados antes de as utilizar

17. Efetuar a manutenção regular de máquinas eléctricas portáteis, quando necessário

18. Colocar a fresa na máquina de planeamento

19. Utilizar um medidor elétrico para determinar o teor de humidade da madeira

20. Demonstrar o funcionamento seguro da máquina de trabalhar madeira

21.	Utilizar ferramentas adequadas para a instalação e acabamento de portas de correr

22.	Utilizar ferramentas adequadas para o acabamento de roupeiros embutidos

23.	Utilizar ferramentas adequadas para instalar a parede de proteção

24.	Aplicar as ferramentas adequadas para instalar o corrimão da escada

25.	Aplicar as ferramentas ou máquinas corretas para instalar e acabar prateleiras de balcão e de cozinha.

26.	Aplicar as ferramentas ou máquinas corretas para terminar as prateleiras dos balcões e da cozinha

27.	Utilizar as ferragens adequadas para instalar corretamente uma escada pré-fabricada num edifício

28.	Utilizar ferramentas manuais e mecânicas para produzir componentes de madeira pré-fabricados de acordo com as especificações dadas

29.	Selecionar ferramentas manuais para produzir componentes de madeira pré-fabricados de acordo com determinadas especificações

30.	Aplicar ferramentas adequadas para polir ou pintar

31.	Utilizar as máquinas-ferramentas corretas para construir uma divisória de pernos

32.	Aplicar ferramentas manuais para fixar a divisória de pernos

33.	Adotar o processo de maquinagem correto para produzir uma janela de batente pronta a ser instalada

34.	Aplicar o equipamento de carpintaria correto para produzir uma janela de persiana triangular pronta a ser instalada

35.	Utilizar máquinas-ferramentas para produzir um painel de parede com um dado.

36.	Fixar as ferragens adequadas para pendurar os portões

37.	Manter uma velocidade normal ao trabalhar com ferramentas e máquinas na oficina

38.	Preparar e utilizar a máquina para as diferentes operações de serragem de fita

39.	Montar e desmontar corretamente a lâmina de serra sobre as rodas

40.	Produzir e utilizar um gabarito simples para várias operações de serragem de fita

**F. Os professores de Carpintaria e Marcenaria precisam de melhorar as seguintes competências técnicas AUTOCAD**

1. Observar as precauções necessárias para obter um bom desenho

2. Ligar corretamente o sistema informático

3. Instalar o AUTOCAD num sistema

4. Localizar o pacote AUTOCAD no sistema

5. Identificar os vários pacotes de desenho assistido por computador em uso

6. Identificar as escalas de uso corrente no desenho assistido por computador

7. Utilizar o AUTOCAD para conceber os diferentes trabalhos de carpintaria e de joalharia

8. Interpretar diferentes desenhos de construção gerados por computador

9. Produzir ou elaborar desenhos de trabalho com recurso a desenho assistido por computador

10.	Elaborar um desenho de base do edifício existente utilizando pacotes de desenho assistido por computador

11.	Desligar o sistema após a utilização sem cometer qualquer erro

1. Não houve diferença significativa nas classificações médias dos professores de carpintaria e marcenaria experientes e menos experientes sobre as necessidades de competências técnicas dos professores de marcenaria

2. Não houve diferença significativa nas classificações médias dos professores de carpintaria e marcenaria experientes e menos experientes sobre as necessidades de

melhoria das competências técnicas dos professores de cofragem

3. Não houve diferença significativa nas classificações médias dos professores de carpintaria e marcenaria experientes e menos experientes sobre as necessidades de melhoria das competências técnicas dos professores em matéria de enquadramento

4. Não houve diferença significativa entre as médias das avaliações dos professores de carpintaria e marcenaria das escolas técnicas federais e estaduais sobre as necessidades de aprimoramento das competências técnicas dos professores de processamento da madeira

5. Não houve diferença significativa nas classificações médias dos professores de carpintaria e marcenaria sobre as necessidades de melhoria das competências técnicas dos professores de maquinagem da madeira.

6. Não houve diferença significativa entre as médias das avaliações dos professores de marcenaria e joalheria das escolas técnicas federais e estaduais sobre as competências técnicas necessidades de aperfeiçoamento dos professores em AUTOCAD.

**Discussão dos resultados**

Os resultados do estudo revelaram quinze competências técnicas em carpintaria em que os professores de carpintaria e de marcenaria precisam de melhorar. Estas competências incluem a identificação de madeira adequada para trabalhos de carpintaria, a seleção de ferramentas e equipamento adequados para trabalhos de carpintaria, a construção de um armário ou rodapé simples, a conceção correta de uma caixa de carro emoldurada, a construção de uma caixa de carro emoldurada, a aplicação de ferramentas adequadas para a construção de gavetas para mesas e armários, a construção de um móvel que envolva uma caixa de passagem, uma caixa de batente, uma caixa de cauda de andorinha e uma caixa de face nua e a preparação de superfícies antes do acabamento. Estas conclusões estão de acordo com as conclusões de Deji (2012), que concluiu que os professores determinam a quantidade de competências a adquirir pelos formandos/alunos. O autor afirmou que os professores têm de ser tecnicamente competentes nas suas disciplinas técnicas.

Os resultados do estudo revelaram dezoito competências técnicas em cofragem que os professores de carpintaria e marcenaria precisam de melhorar. As competências técnicas incluem esboçar ou desenhar pormenores de construção de cofragens para vigas, pavimentos, tectos e lintéis, construir vários tipos de cofragens sem erros, definir perfis geométricos de cofragens para colunas e paredes, cofragens suspensas para pavimentos e tectos, construir corretamente vigas, pavimentos e tectos, construir andaimes de madeira e metálicos até 6 metros de altura, erguer andaimes de madeira e metálicos de várias alturas, manter os andaimes em boas condições de funcionamento, utilizar esboços para ilustrar as partes dos andaimes e as suas funções, construir degraus e escadas de madeira, selecionar e utilizar madeira nigeriana adequada para a cofragem e determinar as dimensões dos andaimes. As conclusões estão de acordo com a opinião de Onyemachi (2004) de que se espera que os professores técnicos ensinem aos alunos as áreas técnicas das suas disciplinas. O autor explicou que os professores devem ser capazes de ensinar como fazer em vez de se deterem na teoria.

Foi revelado que os professores de carpintaria e de marcenaria necessitavam de melhorar vinte e quatro competências técnicas no domínio da armação. These include select appropriate materials and tools for framing work, prepare floor joists correctly, lay floor joists for floor/platform to specifications, fix struts to floor or platform joists, trim floor openings to receive stairs, trap and doors, fix flooring to joist or subfloor correctly, demonstrate methods of trimming floor opening, apply suitable finish using varnish, polir ou ladrilhos de PVC, calcular corretamente o custo do pavimento de um projeto típico, utilizar um esboço para explicar o método de construção de juntas na colocação de tábuas de pavimento, selecionar a madeira e outros materiais adequados para a construção de divisórias, instalar e terminar caixilhos de portas e janelas e portas de correr e aplicar precauções de segurança adequadas durante a instalação. Os resultados estão em consonância com a opinião de Omolola (2012) de que se espera que os professores de construção civil fixem corretamente o pavimento à viga ou ao subpavimento, demonstrem métodos de aparar a abertura do pavimento e apliquem um acabamento adequado utilizando verniz na presença dos seus alunos ou formandos.

Os resultados do estudo revelaram dezassete competências técnicas na transformação da madeira em que os professores de carpintaria e de marcenaria precisam de melhorar. Estas competências são Preparar madeira plana e esquadriada de acordo com as especificações, preparar corretamente as juntas de caixa de carro, construir corretamente vários tipos de juntas, utilizar vários tipos de dispositivos de fixação, encaixar e fixar corretamente vários tipos de dispositivos de fixação, fazer corretamente juntas de alongamento ou de extremidade, preparar corretamente juntas de alargamento ou de borda, demonstrar o procedimento para realizar a construção das juntas, fixar vários tipos de portas, cortar formas irregulares de dados, encaixes e espigas utilizando ferramentas manuais eléctricas portáteis e realizar operações de perfuração e entalhe utilizando brocas portáteis. Estas conclusões estão de acordo com as conclusões de Miller (2012), segundo as quais, para que os professores técnicos possam transmitir as competências técnicas necessárias aos estudantes, é necessário que estes se aperfeiçoem nas operações de máquinas.

Foi revelado que os professores de carpintaria e de marcenaria precisavam de melhorar quarenta competências técnicas de maquinação de madeira. Estas incluem aplicar ferramentas adequadas para instalar o corrimão da escada , aplicar ferramentas ou máquinas corretas para instalar e terminar prateleiras de balcões e cozinhas, aplicar ferramentas ou máquinas corretas para terminar prateleiras de balcões e cozinhas, utilizar ferragens adequadas para instalar corretamente uma escada pré-fabricada num edifício, utilizar ferramentas manuais e máquinas para produzir componentes de madeira pré-fabricados de acordo com determinadas especificações, selecionar ferramentas manuais para produzir componentes de madeira pré-fabricados de acordo com determinadas especificações, utilizar ferramentas adequadas para polir ou pintar, utilizar máquinas-ferramentas corretas para construir uma divisória de cavilhas, utilizar ferramentas manuais para fixar a divisória de cavilhas, adotar o processo de maquinaria correto para produzir uma janela de batente pronta a ser instalada, aplicar o equipamento de carpintaria correto para produzir uma janela de persiana triangular pronta a ser instalada, utilizar máquinas-ferramentas para produzir um painel de parede de dado e fixar ferragens adequadas para pendurar os portões. Estas constatações estão de acordo com as de Omolala (2012), que concluiu no seu estudo que os professores precisam de melhorar ou reforçar as suas capacidades na aplicação de equipamento de carpintaria e na utilização de máquinas-ferramentas para trabalhar.

Os resultados do estudo revelaram onze competências técnicas em AUTOCAD em que os professores de carpintaria e de joalharia precisam de melhorar. As competências técnicas são: observar as precauções necessárias para obter um bom desenho, ligar corretamente o sistema informático, instalar o AUTOCAD num sistema, localizar o pacote AUTOCAD no sistema, identificar vários pacotes de desenho assistido por computador em uso, identificar escalas de uso comum no desenho assistido por computador e utilizar o AUTOCAD para desenhar vários trabalhos de carpintaria e de marcenaria. Estas conclusões estão de acordo com as conclusões de Bakare e Owodunni (2011), segundo as quais os professores do ensino técnico precisam de melhorar a utilização do computador para realizar tarefas relacionadas com o ensino e a aprendizagem.

Não houve diferença significativa nas classificações médias dos professores de carpintaria e marcenaria experientes e menos experientes sobre as necessidades de competências técnicas dos professores de marcenaria. A implicação dos resultados é que o conhecimento do grupo de inquiridos não afectou significativamente as suas opiniões sobre cada item.

Não houve diferença significativa nas classificações médias dos professores de carpintaria e marcenaria experientes e menos experientes sobre as necessidades de competências técnicas dos professores de cofragem. A implicação dos resultados é que os anos de profissão docente dos inquiridos não afectaram significativamente as suas opiniões sobre cada item.

Não houve diferença significativa nas classificações médias dos professores de carpintaria e marcenaria experientes e menos experientes sobre as necessidades de competências técnicas dos professores em matéria de enquadramento. A implicação dos resultados é que as experiências do grupo de inquiridos não afectaram significativamente as suas opiniões sobre cada item.

Não houve diferença significativa nas classificações médias dos professores de carpintaria e marcenaria das escolas técnicas federais e estaduais sobre as necessidades de competências técnicas dos professores no processamento da madeira.

Não houve diferença significativa nas classificações médias dos professores de carpintaria e marcenaria do sexo masculino e feminino sobre as necessidades de competências técnicas dos professores em maquinagem de madeira. A implicação dos resultados é que o sexo dos inquiridos não afectou significativamente as suas opiniões sobre cada item.

Não houve diferença significativa entre as médias das avaliações dos professores de carpintaria e marcenaria das escolas técnicas federais e estaduais sobre as necessidades de competências técnicas dos professores em AUTOCAD. A implicação dos resultados é que a localização do grupo de inquiridos não afectou significativamente as suas opiniões sobre cada item.

# CAPÍTULO 5
# RESUMO, CONCLUSÕES E RECOMENDAÇÕES

Este capítulo contém a reformulação do problema, o resumo do procedimento utilizado, os principais resultados do estudo, as implicações do estudo, a conclusão, as recomendações e as sugestões para estudos futuros.

**Declaração do problema**

A carpintaria e a marcenaria é uma das profissões oferecidas nas escolas técnicas, onde os indivíduos aprendem competências para obterem um emprego remunerado ou independente. As competências em carpintaria, cofragem, armação, processamento de madeira, maquinação de madeira e AUTOCAD, quando ensinadas corretamente, devem equipar os estudantes para o emprego após a graduação. No entanto, os licenciados são fracos na prática da carpintaria e da marcenaria. Oranu (2003) afirma que a maioria dos licenciados vagueia pelas ruas porque adquirem poucas ou nenhumas competências práticas. Por conseguinte, têm dificuldade em criar as suas próprias oficinas. Robinson (2006) argumentou que faltam competências de empregabilidade porque os diplomados do ensino técnico não estão bem preparados antes de entrarem no mercado de trabalho. De facto, os diplomados que conseguem criar as suas próprias oficinas causam mais estragos nos aparelhos eléctricos e electrónicos defeituosos que lhes são contratados para reparação e manutenção (Ogbuanya, Bakare e Igweh, 2009). Tudo isto pode dever-se ao facto de os professores não transmitirem aos alunos as competências técnicas relevantes ou à falta de competências práticas. As consequências inevitáveis do status quo acima referido serão o desemprego e o aumento de vícios sociais como o roubo, o furto e o assassínio, entre muitos outros. Assim, o problema deste estudo é que os licenciados em carpintaria e marcenaria das escolas técnicas não têm competências para enfrentar os desafios da profissão no mundo do trabalho. De que conhecimentos e competências necessitam os professores de carpintaria/marcenaria para melhorar o seu desempenho?

Por conseguinte, o problema deste estudo consiste em analisar as necessidades de competências técnicas dos professores de carpintaria e de marcenaria nas escolas técnicas dos Estados do Norte da Nigéria. Especificamente, o estudo determinou

1. Os perfis demográficos dos professores de carpintaria e marcenaria nas escolas técnicas dos estados do norte da Nigéria

2. Necessidades de melhoria das competências técnicas dos professores de carpintaria e marcenaria

3. Necessidades de aperfeiçoamento das competências técnicas dos professores de carpintaria e de marcenaria no domínio da cofragem

4. Necessidades de melhoria das competências técnicas dos professores de carpintaria e de marcenaria no domínio do enquadramento

5. Necessidades de melhoria das competências técnicas dos professores de carpintaria e marcenaria no sector da transformação da madeira

6. Necessidades de melhoria das competências técnicas dos professores de carpintaria e marcenaria no domínio da maquinagem da madeira

7. Necessidades de melhoria das competências técnicas dos professores de carpintaria e marcenaria em AUTO CAD

**Resumo dos procedimentos utilizados**

O estudo adoptou um modelo de investigação de inquérito. A população do estudo foi constituída por 221 professores de carpintaria e marcenaria em 69 escolas técnicas dos Estados do Norte da Nigéria. A totalidade da população foi utilizada para o estudo devido à sua dimensão manejável. Foi elaborado e utilizado um questionário estruturado para a recolha de dados. O questionário foi validado por três peritos da Escola de Educação Tecnológica da Universidade Abubakar Tafawa Balewa, em Bauchi. Cada um dos peritos recebeu uma cópia do questionário para verificar a clareza dos itens, a pertinência e a cobertura total do instrumento de recolha de dados. Também lhes foi pedido que apresentassem sugestões para melhorar o instrumento de modo a cumprir o objetivo do estudo. As suas correcções e sugestões foram incorporadas na cópia final do questionário que foi utilizado para o estudo. O método do coeficiente alfa de Cronbach foi utilizado para determinar a consistência interna do instrumento. Foram distribuídos duzentos e cinquenta exemplares do questionário, mas foram recuperados 221 exemplares. Os dados recolhidos foram analisados com recurso ao INI para responder às quatro questões de investigação, tendo sido utilizada a estatística do teste t para testar todas as hipóteses nulas com um nível de significância de 0,05.

**Principais conclusões**

Com base nos dados analisados, surgiram as seguintes conclusões principais

1. Os professores de carpintaria e de marcenaria precisam de melhorar dezoito competências técnicas em marcenaria

2. Os professores de carpintaria e de marcenaria precisam de melhorar as dezanove competências técnicas no trabalho de forma

3. Os professores de carpintaria e de marcenaria precisam de melhorar as vinte competências técnicas em matéria de caixilharia

4. Os professores de carpintaria e de marcenaria precisam de melhorar vinte competências técnicas no domínio da transformação da madeira

5. Os professores de carpintaria e marcenaria precisam de melhorar as dezoito competências técnicas no domínio da maquinagem da madeira

6. Os professores de carpintaria e marcenaria precisam de melhorar as vinte competências técnicas em AUTOCAD

7. Não houve diferença significativa nas classificações médias dos professores de carpintaria e marcenaria experientes e menos experientes sobre as necessidades de

melhoria das competências técnicas dos professores de carpintaria

8. Não houve diferença significativa entre as classificações médias dos professores de carpintaria e marcenaria experientes e menos experientes sobre as necessidades de melhoria das competências técnicas dos professores de cofragem

9. Não houve diferença significativa nas classificações médias dos professores de carpintaria e marcenaria experientes e menos experientes sobre as necessidades de melhoria das competências técnicas dos professores em matéria de enquadramento

10. Não houve diferença significativa entre as médias das avaliações dos professores de carpintaria e marcenaria das escolas técnicas federais e estaduais sobre as necessidades de aprimoramento das competências técnicas dos professores de processamento da madeira

11. Não houve diferença significativa nas classificações médias dos professores de carpintaria e de joalharia do sexo masculino e feminino sobre as necessidades de melhoria das competências técnicas dos professores de maquinagem da madeira.

12. Não houve diferença significativa entre as médias das avaliações dos professores de marcenaria e joalheria das escolas técnicas federais e estaduais sobre as necessidades de aprimoramento das competências técnicas dos professores em AUTOCAD.

**Implicações do estudo**

As conclusões do estudo têm implicações para os professores de carpintaria e de marcenaria, para os professores de tecnologia da madeira, para o governo e para os administradores escolares. Os professores de carpintaria e marcenaria encontrarão uma forma de se desenvolverem em todas as áreas do módulo de carpintaria e marcenaria em que precisam de melhorar para um ensino eficaz. Isto pode ser conseguido através de estudos complementares. Os professores de carpintaria e de marcenaria escreverão livros didácticos sobre marcenaria, trabalho de forma, enquadramento, processamento de madeira, maquinagem de madeira e AUTOCAD. Isto melhorará o ensino e a aprendizagem da carpintaria e da marcenaria nas escolas técnicas. O governo organizará seminários, workshops e conferências para professores com base nos resultados deste estudo. O governo também concederá bolsas de estudo a professores técnicos para prosseguirem os seus estudos nas suas áreas de especialização. Os diretores das escolas organizarão seminários para os professores de carpintaria e de marcenaria, a fim de os capacitar para a carpintaria e a marcenaria , de modo a que o ensino seja eficaz.

**Conclusão**

Com base nos resultados do estudo, foram tiradas as seguintes conclusões:

A carpintaria e a marcenaria são uma das profissões que fazem parte do currículo das escolas técnicas, onde os estudantes aprendem competências e adquirem conhecimentos e atitudes para o emprego após a licenciatura. A carpintaria e a marcenaria incluem conhecimentos e competências em marcenaria, trabalho de forma, enquadramento, processamento de madeira, maquinação de madeira e AUTOCAD para permitir que os licenciados das escolas técnicas sejam autónomos. A observação revela que os licenciados desta profissão são fracos na execução de operações de carpintaria e de marcenaria após a licenciatura. Esta situação obrigou a investigar as causas e as soluções prováveis para a baixa qualidade dos diplomados em carpintaria e marcenaria. Descobriu-se que os professores possuem poucas competências técnicas em todos os domínios da carpintaria e da marcenaria. Estes professores precisam de melhorar ou de se capacitar no ensino da carpintaria, do trabalho de cofragem, do enquadramento, do processamento da madeira, da maquinação da madeira e do AUTOCAD aos estudantes.

**Recomendações**

Com base nas conclusões do estudo, foram feitas as seguintes recomendações:

1. Os professores de carpintaria e de marcenaria deveriam receber bolsas de estudo do

governo para prosseguirem os seus estudos.

2. O Governo deve organizar seminários e workshops para carpinteiros e marceneiros, a fim de reforçar as suas capacidades nos domínios da carpintaria, do trabalho de forma, da moldura, do processamento da madeira, da maquinagem da madeira e do AUTOCAD, nos quais necessitam de melhorias

3. Os professores qualificados de carpintaria e de marcenaria deveriam ser contratados pelo governo para ensinar em escolas técnicas.

4. O governo e os empregadores dos diplomados das escolas técnicas deveriam doar ferramentas, equipamento e máquinas a todas as escolas técnicas para um ensino eficaz da carpintaria e da joalharia aos estudantes.

5. Todos os professores técnicos que não tenham obtido uma qualificação para a docência devem ser incentivados a obter um diploma de pós-graduação em educação (PGDE), um diploma de pós-graduação em ensino técnico (PGDTE) ou um diploma de ensino superior (NCE).

**Sugestão para um estudo mais aprofundado**

Sugerem-se os seguintes pontos para estudos futuros:

1. Necessidades de competências técnicas dos professores de carpintaria e marcenaria para um ensino eficaz nas escolas técnicas dos Estados do Sul da Nigéria

2. Necessidades de reforço das capacidades dos professores para um ensino eficaz da tecnologia da madeira a estudantes em escolas superiores de educação ou universidades na Nigéria.

3. Necessidade de melhoria das competências profissionais dos licenciados em instalações eléctricas para o emprego na sociedade contemporânea

4. Necessidade de melhoria do desempenho dos professores na aplicação das TIC para o ensino da carpintaria e da joalharia a estudantes de escolas técnicas no Estado de Ogun

# Referências


Ali, A. (2006). *Conducting Research in Education and the social sciences (Conduzir a investigação na educação e nas ciências sociais).* Enugu: Tashiwa Netwoness Limited

Amusa, T.A. (2009). Competency Improvement Needs of Farmers in Cocoyam Production in Ekiti State, Nigeria. *Uma tese de PGDTE não publicada,* Faculdade de Educação, Universidade da Nigéria, Nsukka.

Amoyedo, A. (2007). Competências de gestão da produção exigidas pelos diplomados do ensino secundário para emprego em empresas de cacau no Estado de Ondo. *Uma tese de mestrado não publicada, Departamento de Formação Profissional de Professores, Universidade da Nigéria, Nsukka.*

Akinduro, I. (2006): Competências de trabalho em instalação e manutenção eléctrica necessárias aos diplomados das escolas técnicas para aumentar a sua empregabilidade no Estado de Ondo. *Um projeto de mestrado não publicado, Departamento de Formação Profissional de Professores, Universidade da Nigéria, Nsukka*

Arede, M. G. (1994). A perceção das necessidades educacionais de gestão agrícola dos agricultores da região nordeste do Estado do Rio Grande do Sul, Brasil. *Tese de doutorado, The Ohio State University, Columbus.*

Uma política do Banco Mundial (2003). *Documento sobre Educação e Formação Profissional e Técnica.* Washington, D.C. O Banco Mundial

Bacchus, M. K. (1995). Melhorar a qualidade do ensino básico através do desenvolvimento e da reforma curricular. Em Zajda, J., Bacchus, K. & Kach, N. (Eds). *Excellence and Quality in Education.* Albert Park: James Nicholas Publishers, pp. 7-21.

Bakare, J. (2006). Competências de prática de segurança necessárias aos estudantes de eletrónica eléctrica das escolas técnicas do Estado de Ekiti. *Um projeto PGDTE não publicado apresentado ao Departamento de Formação Profissional de Professores, Universidade da Nigéria, Nsukka*

Bakare, J. A. Ochepo & Miller, I.O. (2010). Necessidades de melhoria de competências dos supervisores na supervisão de professores em escolas técnicas na zona sudoeste da Nigéria. *Um documento apresentado na Conferência Anual da NERA realizada na Faculdade de Educação da Universidade da Nigéria*

Bakare, F. S. (2010). Necessidades de competências de prática de segurança de estudantes de metalurgia em escolas técnicas no Estado de Ondo. *Uma tese de mestrado não publicada, Departamento de Formação Profissional de Professores, Universidade da Nigéria, Nsukka*

Barrick, R. K., Ladewig, H. W. & Hedges, L. E. (1983). Desenvolvimento de um sistema de identificação das necessidades técnicas dos professores em serviço. *The Journal of the American Association of Teacher Educators in Agriculture 24(1), 13-19.*

Bernard J. (1999). *The Complete Woodworker.* Dicas Profissionais de Carpintaria.com

Biggs, J. (2003). *Teaching for Quality Learning at University, segunda edição: The Society for Research into Higher Education & Open University Press.* Edmunds: St Edmundsbury Press.

Brain, M. (1998). *A ênfase no ensino. O que é um bom ensino!* Raleigh, NC: BYG Publishing, Inc. <http://www.bygpub.com/eot/eotl.htm>

Borich, G.D. (2002). Um modelo de avaliação das necessidades para a realização de estudos de acompanhamento. *The Journal of Teacher Education 31 (3), 39-42.*

Boyatzis, R.E (1982). The competent manager: Um modelo para um desempenho eficaz, Londres: Wiley.

Camp, W. G., & Heath-Camp, B. (1989). Structuring the induction process for beginning vocational teachers. *Journal of Vocational and Technical Education, (5)2, 13-25.*

Campbell, J., Kyriakides, L., Muijs, D & Robinson, W. (2004). *Assessing Teachers Job Effectiveness: Developing a Differentiated Model.* Londres e Nova Iorque: RoutledgeFalmer

Carter (1999). Field guide to leadership supervision. Publicado por Minnesota 2233, University Avenue West state 360.

Chapman, D. W. & Austin, A. E. (2002). *Higher Education in the Developing World: Changing Contexts and Institutional Responses.* London: Greenwood Press.

Chartered Institute of personnel and Development, (2007). *Aprendizagem e desenvolvimento: relatório do inquérito anual de 2007.* Londres ;CIPD. Disponível em: http://www.cipd.co.uk/surveys.

Ching, Francis D. K. (1995). *A Visual Dictionary of Architecture.* Van Nostrand Reinhold Company

Chris, B. (2012). Trabalho fino em madeira. Recuperado de http:www.tenonjoints.comguide

Creemers, B. P. M. (1994b). Instrução eficaz: Uma base empírica para uma teoria da eficácia educacional. Em Reynolds et al. (Eds). *Advances in School Effectiveness Research and Practice.* Oxford: Pergamon. pp. 189-205.

Duncan, H. D. (1999). *Culture and Democracy: The Strugglefor Form in Society and Architecture in Chicago and the Middle West during the Life and Times of Louis H. Sullivan.* New Brunswick: Transaction Publishers. Cross N (2004a). *Creative thinking by expert designers.* J. Design Res. 4(2), DOI: 10.1504/JDR.2004.009840

Ede, E.O. e Olaitan, O. O. (2009). *Responsabilidades de Recursos de Gestão de Professores de Tecnologia Automecânica em Faculdades Técnicas nos Estados do Sudoeste da Nigéria.* Instituto de Educação Journal. 20 (1), 135- 147

Ede, E. O., Miller, I. O. & Bakare, J. A. (2010). Necessidades de Melhoria das Habilidades de Trabalho de Graduados de Faculdades Técnicas na Prática de Oficina Mecânica para Emprego Orientado pela Demanda na Zona Sudoeste da Nigéria Contemporânea. *Trabalho apresentado na Conferência da Associação Profissional da Nigéria (NVA) realizada na Universidade da Nigéria em Nsukka em 2010*

Edwards, M.C. & Briers, G.E. (1999). Avaliação das necessidades em serviço dos professores de agricultura em fase de entrada no Texas: Um modelo de discrepância versus avaliação direta [versão eletrónica]. *Journal of Agricultural Education, 40(3), 40-49.*

Ekong E. (1999). *Introdução à educação na primeira infância.* Nevada-Reno Delmar Publishers.

Enemali, J.D (2000). Um estudo dos constrangimentos de implementação enfrentados pelas escolas técnicas em norte da Nigéria. *The Nigerian Teacher's today vol No_l&2s*

República Federal da Nigéria (2004). *Política Nacional de Educação.* Abuja. NERDC.

Findlay, H. J. (1992). Onde é que os professores de agricultura do ensino secundário profissional adquirem competências profissionais no domínio da educação agrícola? *Journal of Agricultural Education, 33(2), 28-33.*

Gall, M.D, Borg, W.R, & Gall, J.P. (1996). *Investigação educacional: Uma introdução (6<sup>th</sup> e.d).* White plains, NY: Longman USA.

Garton, B.L., & Chung, N. (1996).The in-service needs of beginning teachers of agriculture as perceived by beginning teachers, teacher educators, and state supervisors [Versão eletrónica]. *Journal of Agricultural Education, 37(3), 52-58.*

Guralnik, D.B. (I982).HWrs7c/"\ *New World Dictionary.* Nova Iorque: New World Dictionaries/Simon& Schuster.

Hackos, J. e Redish, J. (1998). User and Task Analysis for interface Design. Chi Chester Wiley.

Hamalainen, S. e Jokela, J. (Eds) (1993) *Summary of Case Studies: Quality in Teaching.* Universidade de Jyvaskyla, Departamento de Formação de Professores. Investigação

Highet, G. (1963). *A Arte de Ensinar.* Londres: Methuen & Co.

Hilda, L. J. (1997). *Early Education Curriculum.* Delmar Publishers.

Holmes, W.L. & Hempel, D. (1985). Projeto agrícola de Moses Lake. Modelo de programa de instrução cooperativa. Universidade Estadual de Washington, Departamento de Educação de Jovens e Adultos, Pullman.

Holske, Louis R. (junho de 1999). "A Mesa de Especificação - Um Departamento para Escritores de Especificação - O que o Escritor de Especificação quer saber". *Pontas de Lápis* II (6): 228-229.

Joerger, R.M. (2002). A comparison of the in-service education needs of two cohorts of beginning Minnesota agricultural education teachers. Journal of Agricultural Education, 43(3), 11-24.

Kaufman, R. (1992). Strategic planning plus: An organization guide. Newbury Park, CA:Sage.

Katz, L. G. (1988). *What should young children be doing?,* Nova Iorque: American Education

Kumaran,M. K., Mukhopadhyaya, *K.* Comick, SM (2003). *An Integrated Methodology to Develop Moisture Management Strategiesfor Exterior 'Wall Systems.* 9<sup>th</sup> Conference on Building Science and Technology, Vancouver. http://irc.nrc-cnrc.gc.ca/irc/fulltext/nrcc45987/nrcc45987.pdf. Recuperado em 2007-03-03.

K Oide (1997). *Estrutura de união e fixação para placas e painéis de teto.* Patente US 4,057,947.http://www.google.com/patents?hl=en&lr=&vid=USPAT4057947&id= RLsyAAAAEBAJ&oi=fnd. Recuperado em 2007-03-13.

Kosny, A.O. & Desjarlais (1994). *Influence of Architectural Details on the Overall Thermal Performance of Residential Wall Systems.* Journal of Building Physics. http://jen.sagepub.com/cgi/content/abstract/18/l/53. Recuperado em 2007-03-03.

Knowles MS. Utilizar contratos de aprendizagem: abordagens para individualizar e estruturar a aprendizagem. São Francisco: Jossey-Bass; 1986.

Joyce & Voytek. ( 1996).Navigating the workplace. Revista de Educação Profissional, 71(5).

James M. McPherson, (1989). *Battle Cry of Freedom* . New York: Ballantine Books

Layfield, K.D., & Dobbins, T.R. (2002).Necessidades em serviço e competências percebidas dos educadores agrícolas da Carolina do Sul [Versão eletrónica]. Journal of AgriculturalEducation, 43(4), 46-55.

Layfield, D., & Dobbins, T. (2000). An assessment of South Carolina agriculture teachers' inservice needs and perceived competencies. Actas da 27ª Conferência Nacional Anual de Investigação em Educação Agrícola, San Diego.

Lee A. & Jesberger (2007). *Termos e Juntas para Carpintaria.* Dicas Profissionais de Carpintaria.com

LeRoy, O. A. (1992). *Wood - Frame House Construction.* Departamento de Agricultura dos          EUA.http://books.google.com/books?hl=en&lr=&id=9ZDpdupFBoQC&oi= fnd&pg=RAl     -PAU&sig=7R-FBctYGtyIV0eVMlhyaYTBzqI&#PRAl-    PA41,M1. Recuperado em 2007-03-14.

Leino, J. (1996). Desenvolvimento e Avaliação da Competência Profissional. Em Ruohotie, P & Grimmett, P. P. (Eds) *Professional Growth and Development: Diretion, Delivery and Dilemmas.* Canadá e Finlândia: Career Education Books

Lowe, J. (1982). A educação de adultos: uma perspetiva mundial. Segunda edição. Toronto, Canadá: OISE Press.

Lu, C. (2002). Competências tecnológicas instrucionais percebidas como necessárias por professores de formação profissional em Ohio e Taiwan. Dissertação de doutoramento, Universidade Estatal de Ohio, Columbus.

*Michael, L.(2012). Como fazer juntas de encaixe em madeira.* Recuperado de http://diyguides.dremel.com/make-wood-mortise-joints-20466. html

Mara Bateman (2008). *Trabalhos em madeira DIY: Como fazer juntas em madeira (Parte 2)* http://www.groundreport.com/Arts_and_Culture/DIY-Woodworking-How-to- Make-Wood-Joints-Part-2/2854126

McKeever, D.B. & Phelps, R.B. (1994). *Wood products used in new single-family house construction:     1950      a      1992.* Forest     Products     Journal. http://www.fpl.fs.fed.us/documnts/pdfl994/mckee94a.pdf. Recuperado em 2007-03-03

McCormick, P (1996).There's no substitute for good teachers, *U. S. Catholic,* Jun96, Vol.61 Issue 6, pp. 46-49.

Matthias Dupke (2010). *Einsatzgebiete der Gleitschalung und der Kletter-Umsetz Schalung: Ein Vergleich der Systeme.* Verlag Diplomarbeiten Agentur, Hamburgo,

Merrit, R.H. (1984). Desafios para o ensino de graduação em Ciências Agrícolas. NACTA Journal 28(3), 9.

Maslow, A. H. (1954).Motivation and personality. Nova Iorque: Harper & Row.

Miller, Donald L. (1996). *City of the Century - The Epic of Chicago and the Making of America [Cidade do Século - A Epopeia de Chicago e a Construção da América].* New York: Simon & Schuster.

Miller, D. L. (1996). *City of the Century - The Epic of Chicago and the Making of America*

*(Cidade do Século - A Epopeia de Chicago e a Construção da América)*. New York: Simon & Schuster.

Maass, John (1957). *The Gingerbread Age - A View of Victorian American*. New York: Crown Publishers.

Miller, W.W. e scheid, C.L. (1984). Problemas dos professores principiantes de agricultura profissional no Iowa. The journal of the American Association of teachers Educators in Agriculture.

Miller, I. O., Bakare, J.A. & Ikatule, R.O. (2009). Necessidades de Capacitação Profissional dos Professores para um Ensino Eficaz do Currículo Básico de Tecnologia aos Alunos das Escolas Secundárias do Estado de Lagos

Conselho Nacional do Ensino Técnico (2004). *Curriculum for Technical Colleges.* Kaduna: Imprensa NBTE

National Business and Technical Examination Board (2004). *Programas de exame do certificado técnico nacional para as profissões de engenharia.* Benim: Imprensa de Yuma

Conselho Nacional de Normas de Ensino Profissional. (1997). VocationalEducation Standards for National Board Certification (Normas de Ensino Profissional para Certificação do Conselho Nacional). Washington, DC: Autor. Bartholome, L. W. (1997). Perspectivas históricas: Basis for change in business education. Em C. P. Brantley & B. J. Davis (Eds.), National Business Education Yearbook, 35, 1997 (pp. 1-16). Reston, VA: National Business Education Association.

Associação Nacional de Educação Empresarial. (1995). Normas nacionais para a educação empresarial - O que os estudantes americanos devem saber e ser capazes de fazer no domínio empresarial. (1995). Reston, VA: Autor.

OCDE (1989). Escolas e Qualidade: Um relatório internacional. Paris: OCDE.

Okoro, O.M. (2000). Avaliação de programas no domínio da educação. Uruowulu-Obosi: Nigeria Pacific Publishers.

Olaitan, S.O., Nwachukwu, C.E., Onyemachi, G.A., Igbo, C.A. e Ekong, E. O. (1999). *Curriculum Development and Management in Vocational Technical Education (Desenvolvimento e Gestão Curricular no Ensino Técnico Profissional)*. Onitsha: Cape Publishers International limited

Olaitan, S.O., Alaribe, M.O. & Nwobu, V.I. (2009). *Necessidades de capacitação dos professores*

*de agricultura para um ensino eficaz nas escolas básicas superiores do Estado de Abia.* Trabalho apresentado na Conferência Anual da Nigerian Vocational Association (NVA) sobre garantia de qualidade no ensino técnico profissional (VTE) para a realização dos Objectivos de Desenvolvimento do Milénio (ODM) na Nigéria.

Onifade, O. J. (2005). Competências baseadas na indústria exigidas aos licenciados de instituições técnicas terciárias para emprego em indústrias electrónicas no Estado de Lagos. *Um projeto de mestrado não publicado apresentado ao Departamento de Formação Profissional de Professores, Universidade da Nigéria, Nsukka*

Olaitan, S.O., Amusa, T.A. e Asouzo, A.I. (2010).Necessidades de Melhoria de

Competências dos Instrutores para o Ensino Eficaz da Preservação e Comercialização de Peixe a Estudantes em Escolas de Agricultura nos Estados do Delta do Níger, Nigéria. *Um artigo apresentado na conferência do Instituto de Educação em 2010*

Okorie, J.U. (2000). *Developing Nigeria's Work Force (Desenvolver a Força de Trabalho da Nigéria)*. Calabar: Publicação Page Environs

Okoro, O.M. (2006). *Princípios e métodos no ensino profissional e técnico*. Enugu: University Trust Publishers.

Olaitan, S.O. (2003). Understanding Curriculum, Nsukka: Ndudim Printing and Publishing Company.

Olaitan, S.O. e Ali, A.(1997). The Making of a Curriculum. (Teoria, Processo, Produto e Avaliação), Onitsha: Cape publishers International Ltd.

Peter Korn (1993). *Trabalhando 'com Madeira.* Dicas Profissionais de Carpintaria.com

Perry, P. (1994). Defining and Measuring the Quality of Teaching (Definir e medir a qualidade do ensino). Em Green, D. (Ed). *What is Quality in Higher Education?* Bristol: SRHE & Open University Press.

Pophalam, W.J (1993). Educational evaluation (3$^{rd}$ ed.). Needham Heights, M.A Allyn and Bacon

Postlethwart, S.N. (1991). The Encyclopedia of Comparative Education and National Systems of Education. Pergamon Press.

Rankin, N. (2004) The prevalence of Competencies in the UK today. Competência e inteligência emocional. Vol. 113, no_l outono. PP39-46

Sambo A,A. (2005). Métodos de investigação em educação. Lagos: Stirling-Horden Publishers (Nigéria) ltd.

Sam Allen (1990). *Wood Joiner's Handbook (Manual do Marceneiro).* EUA: Sterling Publishing.

Sherwood, RC Moody (2009). *Light-Frame Wall and Floor Systems (Sistemas de paredes e pavimentos de estrutura ligeira).* Departamento de Agricultura dos Estados Unidos Serviço Florestal Produtos Florestais. http://www.fpl.fs.fed.us/documnts/fplgtr/fplgtr59.pdf. Recuperado em 2007-03-13

Sarfo F. K. (2011). *O Desenvolvimento de um Modelo de Txperlise Técnica: Rumo a Métodos de Ensino Inovadores no Ensino Técnico.* International Research Journals, Vol. 2(3) pp. 935-942.

Scheerens, J. (2000). *Fundamentals of Educational Planning: Melhorar a eficácia da escola.* Paris: UNESCO.

Scott. C.J. e Stewart, D. (2002) "Competências necessárias aos professores de gestão para trabalhar com alunos com deficiência" Conferência ACTE

Soriano, F. I. (1995). Realização de avaliações de necessidades: A multidisciplinary approach. Thousand Oaks, CA: Sage Publications, Inc.

Sullivan, R.C. (1995). The Competency-Based Approach of Training (A abordagem da formação baseada nas competências). Escócia: JHPIEGO Corporation.

Conselho de Registo dos Professores (2004). Hand book. Abuja TRC Press.

Tomlinson, H (2004). *Liderança Educacional: Personal Growth for Professional Development.* Londres: Sage Publications.

Torsen, H. (1997). The International Encyclopedia of Teaching and Teacher Education (Enciclopédia Internacional do Ensino e da Formação de Professores). Nova Iorque: Pergamon Press.

UNESCO (2003) Recomendação revista sobre o ensino e a formação técnica e profissional.

UNESCO (2005) Implementing the unesco/iol recommendations concerning Technical and vocational Education and Training - relatório final do seminário sub-regional para a África Ocidental. Kaduna, Nigéria, 8-11 de dezembro de 2003. Disponível em http://www/ED/STV/TVE/2005/PI/H/4

Unachukwu, G.C. (1990). *O bom professor: Establishing the Criteriafor Identification and Methododogy of Instruction.* Owerri: Totan Publishers limited.

Uko, O.E. (1985). Necessidades educativas de gestão agrícola percebidas por agricultores a tempo parcial e de pequena escala em países selecionados do Ohio. Dissertação de doutoramento. Universidade Estadual de Ohio, Columbus.

Uwaifo VO (2001). Vocational Education and General Education, Conflict or Convergence (Ensino Profissional e Ensino Geral, Conflito ou Convergência). Jornal Nigeriano de Investigação em Educação. Instituto de Educação; Universidade Ambrose Alli, Ekpoma. Vol. 4.1.

Witkin, B.R. (1984). Avaliação de necessidades em programas educacionais e sociais: Using information to make decisions, set priorities, and allocate resources. São Francisco, CA: Jossey-Bass, Inc., Publishers.

Wikipédia, B.R. (2007). Avaliação das necessidades em moral educacional e social. São Francisco, C.A: Jossey-Bass Inc.

Woodward, G. E. (1998). *Woodward's Country Homes.* Nova Iorque: Geo. E. Woodward, pp. 151-152.

Wolfram Graubner (1992). *Encyclopedia of Wood Joints (Enciclopédia das Juntas de Madeira).* EUA: Taunton Press.

Williams, M. (sem data). *A inovação da construção em Light Frame.* wdsc.caf.wvu.edu. http://www.wdsc.caf.wvu.edu/otherwebs/WDSC100-   12.pdf. Recuperado em 2007-03-03.

Woodward, G. E. (2005). *Woodward's Country Homes.* Nova Iorque: Geo. E. Woodward, pp.151-152.

Yakubu, A. (2004). Competências práticas de segurança necessárias aos estudantes de carpintaria das escolas técnicas do Estado de Kaduna. *Um projeto de mestrado não publicado apresentado ao Departamento de Formação Profissional de Professores, Universidade da Nigéria, Nsukka*

# APÊNDICE I

Escola Superior de Educação Tecnológica,<br>
Abubakar Tafawa Balewa<br>
Universidade de Bauchi, Nigéria

_______________________

_______________________

_______________________

Caro(a) Senhor(a),

**PEDIDO DE VALIDAÇÃO DO INSTRUMENTO**

Sou estudante de pós-graduação no departamento e na universidade acima referidos e estou atualmente a realizar um estudo de investigação intitulado: Necessidades de melhoria das competências técnicas dos professores de carpintaria e marcenaria para um ensino eficaz nas escolas técnicas dos Estados do Norte da Nigéria.

Por favor, leia o questionário em anexo e avalie a sua validade. Os seus comentários e sugestões que possam melhorar a validade do instrumento serão muito apreciados. Conto com a vossa colaboração, agradecendo desde já a vossa atenção.

Com os melhores cumprimentos,<br>
Sgd/<br>
Omole, Alfred Sunday<br>
Investigador

# APÊNDICE II

## QUESTIONÁRIO

## NECESSIDADES DE MELHORIA DAS COMPETÊNCIAS TÉCNICAS DOS PROFESSORES DE CARPINTARIA E MARCENARIA PARA UM ENSINO EFICAZ NAS ESCOLAS TÉCNICAS DOS ESTADOS DO NORTE DA NIGÉRIA

### SECÇÃO A

**SECÇÃO** 1 : Perfil demográfico

Assinale com um visto ( √ ) no espaço previsto para o efeito

1. Masculino

2. Habilitações académicas mais elevadas

(i)　　　　N.C.E

(ii)　　　　HND

(iii)　　　　B. Sc., B.Ed

(iv)　　　　Mestrado　　　em Educação

(V)　　　　Doutoramento

3. Experiência de ensino :

(i)　　　0-4 anos (professores menos experientes)

(ii)　　　5 anos (Professores experientes)

4. Tipo de colégios

(i) Escola Técnica Federal

(ii) Escola Técnica Estatal

(iii) Escola Técnica Privada

Competências técnicas necessárias aos professores de carpintaria e marcenaria em marcenaria

Por favor, indique com um visto (√ ) na coluna apropriada, as competências técnicas necessárias aos professores de carpintaria e marcenaria em escolas técnicas nos estados do norte da Nigéria

Para a coluna necessária

| | |
|---|---|
| Muito necessário | - VHN |
| Altamente necessário | - HN |
| Moderadamente necessário | - MN |
| Ligeiramente necessário | - SN |
| Não é necessário | - NN |

Enquanto a coluna de desempenho é atribuída da seguinte forma:

| | |
|---|---|
| Desempenho muito elevado | - VHP |
| Alto desempenho | - HP |
| Desempenho moderado | - MP |
| Baixo desempenho | - LP |
| Sem desempenho | - NP |

| S/N | Itens de competência técnica | Coluna necessária | | | | | Coluna de desempenho | | | | |
|---|---|---|---|---|---|---|---|---|---|---|---|
| | | VHN | HN | MN | SN | NN | VHP | HP | PM | LP | NP |
| 1 | Observar as precauções necessárias para a realização de trabalhos de carpintaria | | | | | | | | | | |
| 2 | Selecionar ferramentas e equipamentos adequados para trabalhos de carpintaria | | | | | | | | | | |
| 3 | Identificar a madeira adequada para trabalhos de carpintaria | | | | | | | | | | |
| 4 | Construir um armário simples ou um rodapé | | | | | | | | | | |
| 5 | Conceber corretamente a caixa do automóvel enquadrada | | | | | | | | | | |
| 6 | Construir uma mala de carro com moldura | | | | | | | | | | |
| 7 | Aplicar ferramentas adequadas para a construção de gavetas para mesas e armários | | | | | | | | | | |
| 8 | Construir um móvel com encaixe, encaixe de batente, encaixe de cauda de andorinha e encaixe de face nua | | | | | | | | | | |
| 9 | Preparar as superfícies antes do acabamento | | | | | | | | | | |
| 10 | Aplicar acabamentos de base, como tintas a óleo, verniz francês, utilizando goma de pulverização | | | | | | | | | | |
| 11 | Aplicar ferramentas eléctricas portáteis e máquinas para construir um projeto de caixa de carro emoldurada | | | | | | | | | | |
| 12 | Construir o caixilho da porta de acordo com as especificações | | | | | | | | | | |
| 13 | Preparar o caixilho da janela de acordo com as especificações | | | | | | | | | | |
| 14 | Efetuar medições precisas ao fazer caixilhos de janelas e portas | | | | | | | | | | |
| 15 | Realizar experiências para determinar o poder de espalhamento, o tempo de secagem e a permeabilidade das amostras de tinta | | | | | | | | | | |
| 16 | Fixar corretamente os caixilhos das janelas acabados | | | | | | | | | | |
| 17 | Instalar corretamente os caixilhos das portas | | | | | | | | | | |

**SECÇÃO C**

Necessidade de competências técnicas dos professores de carpintaria e de marcenaria no domínio da cofragem

Por favor, indique com um visto (√ ) na coluna apropriada, as competências técnicas necessárias aos professores de carpintaria e de marcenaria nas escolas técnicas dos estados do norte da Nigéria

| S/N | Itens de competência técnica | Coluna necessária | | | | | Coluna de desempenho | | | | |
|---|---|---|---|---|---|---|---|---|---|---|---|
| | | VHN | HN | MN | SN | NN | VHP | HP | PM | LP | NP |
| 1 | Respeitar as precauções de segurança necessárias quando se trabalha com formas | | | | | | | | | | |
| 2 | Esboçar ou desenhar pormenores da construção de cofragens para vigas, pavimentos, tectos e lintéis | | | | | | | | | | |
| 3 | Construir vários tipos de cofragem sem erros | | | | | | | | | | |
| 4 | Estabelecer perfis geométricos de cofragem de pilares e de cofragem de paredes, de cofragem suspensa de pavimentos e de coberturas | | | | | | | | | | |
| 5 | Construir corretamente as vigas do chão e do teto | | | | | | | | | | |
| 6 | Construir andaimes de madeira e de metal até 6 metros de altura | | | | | | | | | | |
| 7 | Montar andaimes de madeira e metálicos de várias alturas | | | | | | | | | | |
| 8 | Manter o andaime em boas condições de funcionamento | | | | | | | | | | |
| 9 | Utilizar um esboço para ilustrar a parte do andaime e as suas funções | | | | | | | | | | |
| 10 | Aplicar todas as normas de segurança em vigor na construção | | | | | | | | | | |
| 11 | Construir um degrau e uma escada em madeira | | | | | | | | | | |
| 12 | Selecionar e utilizar a madeira nigeriana adequada para a cofragem | | | | | | | | | | |
| 13 | Determinar as dimensões dos andaimes | | | | | | | | | | |
| 14 | Determinar o tamanho da madeira utilizada para o degrau e a escada | | | | | | | | | | |
| 15 | Aplicar todas as normas de segurança em vigor na montagem, manutenção e | | | | | | | | | | |

| | | | | | | | | | | | | |
|---|---|---|---|---|---|---|---|---|---|---|---|---|
| | utilização de andaimes | | | | | | | | | | | |
| 16 | Construir cofragens para, pelo menos, dois dos elementos de betão | | | | | | | | | | | |
| 17 | Bater a cofragem para, pelo menos, dois dos betão | | | | | | | | | | | |
| 18 | Cumprir os requisitos para a construção de cofragens adequadas | | | | | | | | | | | |
| 19 | Demonstrar o procedimento de construção de cofragens | | | | | | | | | | | |
| 20 | Construir corretamente o lintel e a parede | | | | | | | | | | | |

Necessidade de competências técnicas dos professores de carpintaria e de marcenaria no domínio do enquadramento

Por favor, assinale com um visto (√ ) na coluna apropriada, as competências técnicas necessárias aos professores de carpintaria e de marcenaria para o enquadramento em escolas técnicas nos estados do norte da Nigéria

| S/N | Itens de competência técnica | Coluna necessária | | | | | Coluna de desempenho | | | | |
|---|---|---|---|---|---|---|---|---|---|---|---|
| | | VHN | HN | MN | SN | NN | VHP | HP | PM | LP | NP |
| 1 | Respeitar as medidas de segurança necessárias para os trabalhos de caixilharia | | | | | | | | | | |
| 2 | Desenhar diagramas de linhas dos quatro tipos de pavimentos | | | | | | | | | | |
| 3 | Classificar os pavimentos em vários grupos | | | | | | | | | | |
| 4 | Selecionar os materiais e ferramentas adequados para os trabalhos de caixilharia | | | | | | | | | | |
| 5 | Preparar corretamente as vigas do pavimento | | | | | | | | | | |
| 6 | Colocar as vigas do pavimento/plataforma de acordo com as especificações | | | | | | | | | | |
| 7 | Fixar as escoras às vigas do pavimento ou da plataforma | | | | | | | | | | |
| 8 | Aparar as aberturas no chão para receber escadas, alçapões e portas | | | | | | | | | | |
| 9 | Fixar corretamente o pavimento à junta ou ao contrapiso | | | | | | | | | | |
| 10 | Demonstrar os métodos de corte da abertura do pavimento | | | | | | | | | | |
| 11 | Aplicar um acabamento adequado com verniz, polimento ou ladrilhos de PVC | | | | | | | | | | |
| 12 | Utilizar um esboço para explicar o método de construção de juntas na colocação de tábuas de soalho | | | | | | | | | | |
| 13 | Custear corretamente o pavimento de um projeto típico | | | | | | | | | | |
| 14 | Selecionar a madeira e outros materiais adequados para a construção de divisórias | | | | | | | | | | |

| 15 | Instalação e acabamento de caixilhos de portas e janelas e de portas de correr. | | | | | | | | | | | |
|----|---|---|---|---|---|---|---|---|---|---|---|---|
| 16 | Aplicar as precauções de segurança adequadas ao efetuar a instalação | | | | | | | | | | | |
| 17 | Preparar os materiais ou componentes dos elementos das asnas de telhado | | | | | | | | | | | |
| 18 | Construir uma treliça de telhado para suportar os revestimentos do telhado | | | | | | | | | | | |
| 19 | Erguer uma treliça de telhado para suportar os revestimentos do telhado | | | | | | | | | | | |
| 20 | Esboço de pormenores dos elementos de disposição do teto no beiral de um telhado inclinado | | | | | | | | | | | |
| 21 | Construir um revestimento de teto e ripas | | | | | | | | | | | |
| 22 | Instalar um revestimento de teto e ripas | | | | | | | | | | | |
| 23 | Aparar aberturas num teto e fazer os acabamentos necessários | | | | | | | | | | | |
| 24 | Desenhar a planta e o alçado de uma janela de batente, incluindo os pormenores | | | | | | | | | | | |
| 25 | Recortar e preparar os mensageiros do aro, do batente e das contas | | | | | | | | | | | |

Necessidade de competências técnicas dos professores de carpintaria e de marcenaria na transformação da madeira

Por favor, assinale com um visto ($\sqrt{}$ ) na coluna apropriada, as competências técnicas necessárias aos professores de carpintaria e marcenaria no domínio da transformação da madeira nas escolas técnicas dos Estados do Norte da Nigéria

| S/N | Itens de competência técnica | Coluna necessária | | | | | Coluna de desempenho | | | | |
|---|---|---|---|---|---|---|---|---|---|---|---|
| | | VHN | HN | MN | SN | NN | VHP | HP | PM | LP | NP |
| 1 | Observar as precauções de segurança necessárias durante o tratamento da madeira | | | | | | | | | | |
| 2 | Identificar as ferramentas e o equipamento necessários para a transformação da madeira | | | | | | | | | | |
| 3 | Tomar as medidas necessárias para a preparação do chapéu e dos esquadros de madeira | | | | | | | | | | |
| 4 | Aplicar corretamente as ferramentas e o equipamento de transformação da madeira | | | | | | | | | | |
| 5 | Respeitar os requisitos básicos de uma boa articulação | | | | | | | | | | |
| 6 | Preparar o chapéu de madeira e os esquadros de acordo com as especificações | | | | | | | | | | |
| 7 | Preparar corretamente as juntas da caixa do automóvel | | | | | | | | | | |
| 8 | Construir corretamente vários tipos de juntas | | | | | | | | | | |
| 9 | Utilizar vários tipos de dispositivos de fixação | | | | | | | | | | |
| 10 | Colocar e fixar corretamente vários tipos de dispositivos de fixação | | | | | | | | | | |
| 11 | Efetuar corretamente as juntas de alongamento ou de extremidade | | | | | | | | | | |
| 12 | Preparar corretamente as juntas de alargamento ou de bordadura | | | | | | | | | | |
| 13 | Demonstrar o procedimento para efetuar a construção das juntas | | | | | | | | | | |
| 14 | Fixar vários tipos de portas | | | | | | | | | | |
| 15 | Cortar formas irregulares, como dardos, encaixes e espigas, utilizando | | | | | | | | | | |

| | | | | | | | | | | | | |
|----|------------------------------------------------------|--|--|--|--|--|--|--|--|--|--|--|
| | ferramentas manuais eléctricas portáteis | | | | | | | | | | | |
| 16 | Efetuar operações de perfuração e de encaixe com berbequins portáteis | | | | | | | | | | | |
| 17 | Efetuar operações de acabamento com lixadeiras de acabamento | | | | | | | | | | | |
| 18 | Montar e desmontar corretamente a lâmina de serra | | | | | | | | | | | |
| 19 | Fixar corretamente a faca de corte | | | | | | | | | | | |
| 20 | Ajustar corretamente a lâmina de corte | | | | | | | | | | | |

Necessidade de competências técnicas dos professores de carpintaria e de marcenaria na maquinagem da madeira

Por favor, indique com um visto (√ ) na coluna apropriada, as competências técnicas necessárias aos professores de carpintaria e de marcenaria no domínio da maquinagem da madeira nas escolas técnicas do Norte

Estados da Nigéria

| S/N | Itens de competência técnica | Coluna necessária | | | | | Coluna de desempenho | | | | |
|---|---|---|---|---|---|---|---|---|---|---|---|
| | | VHN | HN | MN | SN | NN | VHP | HP | PM | LP | NP |
| 1 | Respeitar as precauções de segurança necessárias durante a maquinagem | | | | | | | | | | |
| 2 | Estar bem acordado e alerta quando se trabalha com máquinas para trabalhar madeira | | | | | | | | | | |
| 3 | Selecionar o tamanho e o tipo de ferramentas adequados para o trabalho a realizar | | | | | | | | | | |
| 4 | Iniciar com êxito as máquinas para trabalhar madeira | | | | | | | | | | |
| 5 | Operar máquinas de carpintaria para efetuar diversas operações de carpintaria e de marcenaria | | | | | | | | | | |
| 6 | Ajustar a lâmina ou o gume de corte antes de qualquer operação na oficina | | | | | | | | | | |
| 7 | Montar a peça de trabalho num torno, pinça ou suporte especial quando se trabalha com cinzéis, serras, etc. | | | | | | | | | | |
| 8 | Manter uma velocidade normal durante o trabalho com as ferramentas para evitar lesões | | | | | | | | | | |
| 9 | Testar a funcionalidade da máquina de trabalhar madeira antes de a utilizar | | | | | | | | | | |
| 10 | Fixar as protecções, vedações e outros elementos de proteção das máquinas para trabalhar madeira antes da maquinagem | | | | | | | | | | |
| 11 | Manter uma distância mínima entre a mão e a máquina durante o seu funcionamento | | | | | | | | | | |
| 12 | Utilizar corretamente gabaritos e dispositivos para projectos | | | | | | | | | | |

| | | | | | | | | | | | | |
|---|---|---|---|---|---|---|---|---|---|---|---|---|
| 13 | Seguir o procedimento normal de arranque e de paragem quando se opera uma máquina de trabalhar madeira | | | | | | | | | | | |
| 14 | Demonstrar métodos corretos de fixação de acessórios | | | | | | | | | | | |
| 15 | Manter o resguardo e o dispositivo anti-retrocesso em posição | | | | | | | | | | | |
| 16 | Desmontar máquinas/ferramentas que tenham partes amovíveis | | | | | | | | | | | |
| 17 | Montar corretamente ferramentas de carpintaria e de marcenaria que tenham partes amovíveis | | | | | | | | | | | |
| 18 | Efetuar a manutenção de rotina das máquinas para trabalhar madeira de acordo com o fabricante | | | | | | | | | | | |
| 19 | Aplicar ferramentas manuais eléctricas portáteis para executar tarefas simples de carpintaria e marcenaria | | | | | | | | | | | |
| 20 | Inspecionar todas as máquinas eléctricas portáteis para verificar se têm ligação à terra e fusíveis adequados antes de as utilizar | | | | | | | | | | | |
| 21 | Efetuar a manutenção regular de máquinas eléctricas portáteis, quando necessário | | | | | | | | | | | |
| 22 | Colocar a fresa na máquina de planeamento | | | | | | | | | | | |
| 23 | Utilizar um medidor elétrico para determinar o teor de humidade da madeira | | | | | | | | | | | |
| 24 | Demonstrar o funcionamento seguro da máquina de trabalhar madeira | | | | | | | | | | | |
| 25 | Utilizar ferramentas adequadas para a instalação e acabamento de portas de correr | | | | | | | | | | | |
| 26 | Utilizar as ferramentas adequadas para o acabamento dos roupeiros embutidos. | | | | | | | | | | | |
| 27 | Utilizar ferramentas adequadas para instalar a parede de proteção | | | | | | | | | | | |
| 28 | Utilizar as ferramentas adequadas para instalar o corrimão de uma escada. | | | | | | | | | | | |
| 29 | Aplicar as ferramentas ou máquinas corretas para instalar e acabar prateleiras de balcão e de cozinha. | | | | | | | | | | | |
| 30 | Aplicar as ferramentas ou máquinas corretas para terminar as prateleiras dos balcões e da cozinha | | | | | | | | | | | |
| 31 | Utilizar as ferragens adequadas para instalar corretamente uma escada pré- | | | | | | | | | | | |

| | | | | | | | | | | | |
|---|---|---|---|---|---|---|---|---|---|---|---|
| | fabricada num edifício | | | | | | | | | | |
| 32 | Utilizar ferramentas manuais e mecânicas para produzir componentes de madeira pré-fabricados de acordo com as especificações dadas | | | | | | | | | | |
| 33 | Selecionar ferramentas manuais para produzir componentes de madeira pré-fabricados de acordo com determinadas especificações | | | | | | | | | | |
| 34 | Aplicar ferramentas adequadas para polir ou pintar | | | | | | | | | | |
| 35 | Utilizar as máquinas-ferramentas corretas para construir uma divisória de pernos | | | | | | | | | | |
| 36 | Aplicar ferramentas manuais para fixar a divisória de pernos | | | | | | | | | | |
| 37 | Adotar o processo de maquinagem correto para produzir uma janela de batente pronta a ser instalada | | | | | | | | | | |
| 38 | Aplicar o equipamento de carpintaria correto para produzir uma janela de persiana triangular pronta a ser instalada. | | | | | | | | | | |
| 39 | Utilizar máquinas-ferramentas para produzir um painel de parede com um dado. | | | | | | | | | | |
| 40 | Fixar as ferragens adequadas para pendurar os portões | | | | | | | | | | |
| 41 | Manter uma velocidade normal ao trabalhar com ferramentas e máquinas na oficina | | | | | | | | | | |
| 42 | Preparar e utilizar a máquina para as diferentes operações de serragem de fita. | | | | | | | | | | |
| 43 | Montar e desmontar corretamente a lâmina de serra sobre as rodas | | | | | | | | | | |
| 44 | Produzir e utilizar um gabarito simples para várias operações de serragem de fita | | | | | | | | | | |

**SECÇÃO F**

Necessidade de competências técnicas dos professores de carpintaria e de marcenaria em AUTOCAD

Por favor, assinale com um visto ($\sqrt{}$ ) na coluna apropriada, as competências técnicas necessárias aos professores de carpintaria e de marcenaria em AUTOCAD nas escolas técnicas dos Estados do Norte da Nigéria

| S/N | Itens de competência técnica | Coluna necessária | | | | | Coluna de desempenho | | | | |
|---|---|---|---|---|---|---|---|---|---|---|---|
| | | VHN | HN | MN | SN | NN | VHP | HP | PM | LP | NP |
| 1 | Observar as precauções necessárias para obter um bom desenho | | | | | | | | | | |
| 2 | Ligar corretamente o sistema informático | | | | | | | | | | |
| 3 | Instalar o AUTOCAD num sistema | | | | | | | | | | |
| 4 | Localizar o pacote AUTOCAD no sistema | | | | | | | | | | |
| 5 | Identificar os vários pacotes de desenho assistido por computador em uso | | | | | | | | | | |
| 6 | Identificar as escalas de uso corrente no desenho assistido por computador | | | | | | | | | | |
| 7 | Utilizar o AUTOCAD para conceber os diferentes trabalhos de carpintaria e de joalharia | | | | | | | | | | |
| 8 | Interpretar diferentes desenhos de construção gerados por computador | | | | | | | | | | |
| 9 | Produzir ou elaborar desenhos de trabalho com recurso a desenho assistido por computador | | | | | | | | | | |
| 10 | Elaborar um desenho de base do edifício existente utilizando pacotes de desenho assistido por computador | | | | | | | | | | |
| 11 | Desligar o sistema após a utilização sem cometer qualquer erro | | | | | | | | | | |

# APÊNDICE III

Escola Superior de Educação Tecnológica,

Abubakar Tafawa Balewa

Bauchi, Nigéria.

Caro(a) Senhor(a),

**PEDIDO DE PREENCHIMENTO DO QUESTIONÁRIO DE INVESTIGAÇÃO**

Sou um estudante de pós-graduação que está a realizar uma investigação sobre o tema acima referido. Por favor, responda às perguntas em anexo da forma mais objetiva possível. A sua contribuição honesta contribuirá para o êxito deste estudo. As informações que fornecer serão tratadas de forma confidencial e estritamente para efeitos deste estudo.

Obrigado pela vossa colaboração.

Com os melhores cumprimentos,

Assinatura/Data

**Omole, A.S**

**Doutoramento/2004/2005/603028**

# I want morebooks!

Buy your books fast and straightforward online - at one of world's fastest growing online book stores! Environmentally sound due to Print-on-Demand technologies.

Buy your books online at
**www.morebooks.shop**

Compre os seus livros mais rápido e diretamente na internet, em uma das livrarias on-line com o maior crescimento no mundo! Produção que protege o meio ambiente através das tecnologias de impressão sob demanda.

Compre os seus livros on-line em
**www.morebooks.shop**

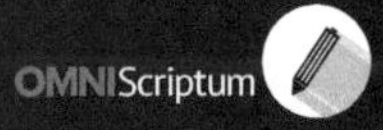

Printed by Books on Demand GmbH, Norderstedt / Germany